高等职业教育产教融合特色系列教材

数控车削编程与加工技术

主　编　高晓萍　时培刚　李学营
副主编　郭勋德　李　敏　宋凤敏
　　　　李　宁　姜　鑫
参　编　谢直超　马春燕　任成良
主　审　殷镜波

北京理工大学出版社
BEIJING INSTITUTE OF TECHNOLOGY PRESS

内 容 简 介

《国家职业教育改革实施方案》提出:"建设一大批校企'双元'合作开发的国家规划教材,倡导使用新型活页式、工作手册式教材并配套开发信息化资源。"在此背景下,本书采用了工作手册式设计。根据科教兴国战略,本书以立德树人为根本目标,引导学生建立文化自信和社会主义核心价值观,争当"大国工匠"。

本书以企业数控车床加工工作任务作为内容,加强了学校教学与企业工作的联系;以"做中学"为特色,实现了理论教学、数控仿真验证与实践应用相辅相成的教学效果。

本书以一套配合件的零件加工工艺过程为主线,坚持产教融合、校企合作、工学结合、学做合一的原则,按照1+X技能人才要求和教学规律,对学习任务进行了有序排列。学习内容涵盖使用FANUC-0i系统数控车床对轴类、盘套类、切槽(切断)、螺纹类、非圆二次曲线类、配合套件等零件的编程与加工,从初级、中级到高级逐步递进。本书共分10个项目,每个项目的学习都能使学生完成一个典型的综合性任务,通过若干个相互关联项目的学习,学生将具备数控车床的编程和操作能力。

本书可作为高等职业技术院校和高等专科院校数控类及其他机电类专业的数控车床编程与操作课程教材,也可作为成人高等教育相关专业的教学用书,同时可供从事相关专业的工程技术人员学习与参考。

版权专有　侵权必究

图书在版编目(CIP)数据

数控车削编程与加工技术 / 高晓萍,时培刚,李学营主编. -- 北京:北京理工大学出版社,2024.7(2024.9重印).
ISBN 978-7-5763-4385-4

Ⅰ.TG519.1
中国国家版本馆 CIP 数据核字第 20244B4C01 号

责任编辑:赵　岩		文案编辑:孙富国	
责任校对:周瑞红		责任印制:李志强	

出版发行 / 北京理工大学出版社有限责任公司
社　　址 / 北京市丰台区四合庄路6号
邮　　编 / 100070
电　　话 / (010)68914026(教材售后服务热线)
　　　　　(010)68944437(课件资源服务热线)
网　　址 / http://www.bitpress.com.cn
版 印 次 / 2024年9月第1版第2次印刷
印　　刷 / 唐山富达印务有限公司
开　　本 / 787 mm×1092 mm　1/16
印　　张 / 18
字　　数 / 416 千字
定　　价 / 49.50元

图书出现印装质量问题,请拨打售后服务热线,负责调换

前　言

　　为贯彻落实党的二十大精神，国务院印发的《国家职业教育改革实施方案》指出：建设一大批校企"双元"合作开发的国家规划教材，倡导使用新型活页式、工作手册式教材并配套开发信息化资源。教育部等九部门印发的《职业教育提质培优行动计划（2020—2023年）》的通知指出：根据职业学校学生特点创新教材形态，推行科学严谨、深入浅出、图文并茂、形式多样的活页式、工作手册式、融媒体教材。教育部《职业院校教材管理办法》指出：职业院校教材必须体现党和国家意志。职业院校的教材建设要坚持正确的政治方向和价值导向，坚守马克思主义在教材编写中的指导地位，坚持立德树人根本任务，全面推进社会主义核心价值观进教材，充分体现社会主义办学方向。当前经济社会需要大批德才兼备的高素质人才，本书根据科教兴国战略，以立德树人为根本目标，引导学生建立文化自信，建立社会主义核心价值观，争当"大国工匠"。

　　本书采用项目化结构框架，以一套配合件的零件加工过程作为课程内容，以零件的结构特征为载体，实现了工作任务与学习任务的对接、工作标准与学习标准的对接、工作过程与学习过程的对接。教材封装体现活页形式，以工作手册的方式组织教材内容。学习内容的选择和编排以工作任务为导向，适用于现代学徒制和企业新型学徒制。本书以《机械制图与CAD》《机械制造技术》为基础，为学习数控现代加工技术编程与操作、参加生产实习及顶岗实习奠定基础。

　　本书具有以下特色。

　　（1）培养智能制造所需要的新一代产业技术人才，将"知识、技能、价值观"的多元目标融入教学项目中，培养工匠精神、创新精神、质量意识、环境意识，实现素养教学与专业教学的深度融合。

　　（2）校企"双元"组合的编写主体结构，企业编写人员提供转型升级对职业人员的素质要求、典型的生产工艺流程和案例、相应职业标准和岗位职责。

　　（3）结合"数控车削编程与加工技术"在线课程，强化现代技术知识学习，突出人工智能、区块链技术、云计算技术、大数据技术、边缘计算技术和物联网技术等新技术的应用。

　　本书可作为高等职业技术院校和高等专科院校数控类及其他机电类专业的数控车床编程与操作课程教材，也可作为成人高等教育相关专业的教学用书，同时可供从事相关专业的工程技术人员学习与参考。本书配套提供了教学课件及其他诸如教学录像、微课等教学资源，可以满足部分院校信息化教学的需要。本书充分利用网络动画、游戏等信息化资源，有机整合课前、课中和课后时间，教学效果良好。

　　本书选择了技术先进、目前占市场份额最大的典型数控系统FANUC-0i系统作为基础，具体内容共分为10个项目，主要包括初级篇：数控车床的安全操作与认识、FANUC-0i系统阶梯轴编程与加工、FANUC-0i系统外槽编程与加工、FANUC-0i系统外螺纹编程与加工；中级篇：FANUC-0i系统曲面轴编程与加工、FANUC-0i系统盘类零件编程与加工、FANUC-0i系统套类零件编程与加工；高级篇：FANUC-0i系统非圆二次曲线类零件编程与加工、FANUC-0i系统配合套件编程与加工及中高级数控车工技能培训题样。通过每一个项目任务的完成，学生可以具备一个典型的综合性的职业能力，通过若干个相互关联项目的学习，学生可以具备数控车削编程和操作能力。每完成一个任务后，学生需要进行加工质量分析报告、个人工作过程总结、小组总结等反馈。另外附录A（数控车床工中、高级工技能鉴定标准）和附录B（数控车床中、高级工技能鉴定样题）为学生考取1+X技能证提供了有力支持。

编写本书的具体分工为：山东水利职业学院高晓萍编写项目一、项目八；山东水利职业学院宋凤敏编写项目二；山东水利职业学院时培刚编写项目三、项目四；山东水利职业学院李学营编写项目五；山东水利职业学院李敏编写项目六、项目七；山东水利职业学院郭勋德编写项目九；山东水利职业学院谢直超编写项目十。山东五征集团有限公司马春燕高级工程师、山东豪迈机械科技股份有限公司的任成良高级工程师、青岛工程职业学院李宁、陕西国防工业职业技术学院姜鑫参与了本书的编写工作。全书由高晓萍和谢直超负责统稿。在本书的编写过程中，参考了数控技术方面的诸多论文、教材和机床使用说明书，特在此向对本书出版给予支持、帮助的单位和个人表示诚挚的感谢！

编者水平和经验有限，时间仓促，书中难免有不妥之处，恳切希望广大读者批评指正。

编　者

目 录

项目一　数控车床的安全操作与认识 ··· 1

 任务 1　选择数控车床 ·· 1
 任务 2　数控机床坐标系与回零操作 ··· 14
 任务 3　工件坐标系与对刀操作 ·· 21

项目二　FANUC-0i 系统阶梯轴编程与加工 ································· 40

 任务 1　编程基础 ·· 40
 任务 2　简单阶梯轴编程 ·· 47
 任务 3　带倒角阶梯轴编程与加工 ·· 65

项目三　FANUC-0i 系统外槽编程与加工 ····································· 78

 任务 1　倒角槽编程与加工 ·· 78
 任务 2　规律槽编程与加工 ·· 88
 任务 3　宽槽零件的编程与加工 ·· 94

项目四　FANUC-0i 系统外螺纹编程与加工 ······························· 103

 任务 1　螺纹基础知识 ··· 103
 任务 2　螺纹编程与仿真加工 ··· 114
 任务 3　外螺纹零件机床加工 ··· 118

项目五　FANUC-0i 系统曲面轴编程与加工 ······························· 126

 任务 1　外圆弧面编程 ··· 126
 任务 2　复杂曲面轴编程与加工 ·· 132

项目六　FANUC-0i 系统盘类零件编程与加工 ··························· 140

 任务 1　简单盘类零件编程与加工 ·· 140
 任务 2　复杂盘类零件编程与加工 ·· 147

项目七　FANUC-0i 系统套类零件编程与加工　　154

  任务1　套类零件编程基础　　154
  任务2　套类零件编程　　170
  任务3　套类零件编程与加工　　174

项目八　FANUC-0i 系统非圆二次曲线类零件编程与加工　　183

  任务1　含公式曲线编程　　183
  任务2　椭圆零件编程与加工　　192

项目九　FANUC-0i 系统配合套件编程与加工　　201

  任务1　螺纹配合的配合件的编程与加工　　201
  任务2　含锥面配合的配合件编程与加工　　209
  任务3　含椭圆配合的配合件编程与加工　　217

项目十　中高级数控车工技能培训题样　　228

  任务1　中级职业技能考核综合训练一　　228
  任务2　中级职业技能考核综合训练二　　233
  任务3　中级职业技能考核综合训练三　　238
  任务4　高级职业技能考核综合训练一　　243
  任务5　高级职业技能考核综合训练二　　248

附录A　数控车床中、高级工技能鉴定标准　　255

附录B　数控车床中、高级工技能鉴定样题　　263

  B.1　数控车床中级工技能鉴定样题　　263
  B.2　数控车床高级工技能鉴定样题　　270

项目一　数控车床的安全操作与认识

任务1　选择数控车床

教学目标

(1) 了解数控车床的用途、分类、结构及工作原理。
(2) 掌握 FANUC-0i 系统数控车床的仿真选择方法。
(3) 学会分析 FANUC-0i 系统数控车床的结构特点。
(4) 培养学生爱国情怀、责任与担当。
(5) 培养学生团结协作的精神。

任务描述

先进制造技术对机械零件的加工工艺、技术、精度的要求越来越高，加工过程中不能只局限在加工单一的合格零件，还要考虑零件之间相互关联的配合关系。加工一批包含轴类、盘套类和非圆曲线类特征的配合零件，其材料为45钢，如图1-1所示，分析零件组成，选择合适的数控机床。

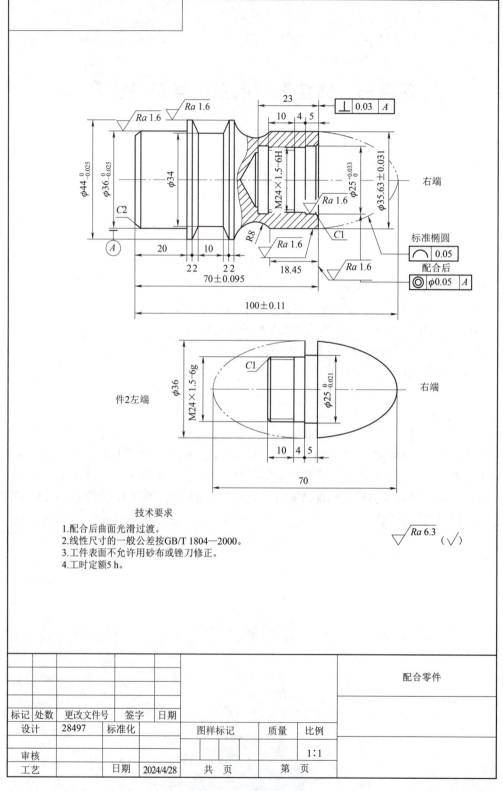

图1-1 含椭圆配合零件

> 任务目的

认识数控车床，会分析、选择数控车床。

> 知识链接

一、数控设备的产生和发展

1. 数控的基本概念

（1）数控设备就是采用了数控技术的机械设备，或者说是装备了数控系统的机械设备。

（2）数值控制（numerical control，NC）简称数控，是以数字化信号对机床运动及其加工过程进行控制的控制方式，出现年份为1952—1965年。

（3）计算机数控（computer numerical control，CNC）由硬件和软件共同完成数控的功能，出现于1974年以后。

（4）数控机床指应用数控技术控制加工过程的机床。

（5）数控加工指运用数控机床对零件进行加工。

2. 数控机床的产生与常用的数控系统

1948年，美国帕森（Parsons）公司提出了使用计算机控制机床的设想，并于1952年研制成功了世界上第一台三坐标直线插补且连续控制的立式数控铣床。

> **素养提升：**
>
> 我国对数控系统技术的研究始于1958年，经过几十年的发展已形成具有一定技术水平和生产规模的产业体系。虽然国产高端数控系统与国外相比在功能、性能和可靠性方面仍存在一定差距，但近年来在多轴联动控制、功能复合化、网络化、智能化和开放性等领域也取得了一定成绩。
>
> 数控技术是关系到我国产业安全、经济安全和国防安全的国家战略性高新技术。从手机、家电、汽车的制造，到飞机、火箭的制造，都离不开数控技术。数控技术是装备制造业中的核心技术，是我国加快转变经济发展方式，实现机械产品从"制造"到"创造"升级换代的关键技术之一。
>
> 数控系统是先进高端制造装备的"大脑"，我们的使命是用中国"大脑"，装备中国制造。

我国在数控车床上常用的数控系统有日本FANUC（发那科或法那科）公司的0i、0T、0iT、3T、5T、6T、10T、11T、0TC、0TD、0TE等；德国SIEMENS（西门子）公司的802S、802C、802D、840D等。

国产普及型数控系统产品有广州数控设备厂的GSK980T系列、华中数控公司的世纪星21T、北京机床研究所的1060系列、大连大森公司的R2F6000型等。

二、认识数控车床

1. 数控车床的用途

数控车床是数字程序控制车床的简称,是一种高精度、高效率的自动化机床,也是目前使用最广泛的数控机床之一,主要用于轴类、盘套类等回转体零件的加工。它是目前国内使用极为广泛的一种数控机床,约占数控机床总数的 25%。数控车床加工零件的尺寸精度可达 IT5~IT6,表面粗糙度可达 $Ra1.6\ \mu m$ 以下。

2. 数控车床的分类

数控车床品种繁多,规格不一,可按如下方法进行分类。

1) 按车床主轴位置分类

(1) 卧式数控车床。卧式数控车床如图 1-2 (a) 所示,用于轴向尺寸较长或小型盘类零件的车削加工,其又分为数控水平导轨卧式车床和数控倾斜导轨卧式车床。卧式数控车床倾斜的导轨结构可以使车床具有更大的刚性,并易于排除切屑。相对其他数控车床而言,卧式车床因其结构形式多样,加工功能丰富而被广泛应用。

(2) 立式数控车床。立式数控车床简称数控立车,如图 1-2 (b) 所示。其车床主轴垂直于水平面,有一个直径很大的圆形工作台,用来装夹工件。这类机床主要用于加工径向尺寸大、轴向尺寸相对较小的大型复杂零件。

(a) (b)

图 1-2 数控车床

(a) 卧式数控车床;(b) 立式数控车床

2) 按加工零件的基本类型分类

(1) 卡盘式数控车床。这类车床没有尾座,适合车削盘类(含短轴类)零件。夹紧方式多为电动或液动控制,卡盘结构多具有可调卡爪或不淬火卡爪(即软卡爪)。

(2) 顶尖式数控车床。这类车床配有普通尾座或数控尾座,适合车削较长且直径不太大的盘类零件。

3) 按刀架数量分类

(1) 单刀架数控车床。这类车床一般都配置有各种形式的单刀架,如四工位卧动转位刀架或多工位转塔式自动转位刀架。

(2) 双刀架数控车床。这类车床的双刀架配置可以相互平行分布，也可以相互垂直分布。

4) 按功能分类

(1) 经济型数控车床。经济型数控车床是采用步进电动机和单片机对普通车床的进给系统进行改造后形成的简易型数控车床，其成本较低，自动化程度和功能都比较差，车削加工精度也不高，适用于要求不高的回转类零件的车削加工。

(2) 普通数控车床。普通数控车床是根据车削加工要求，结构进行专门设计并配备通用数控系统而形成的数控车床，其数控系统功能强，自动化程度和加工精度也比较高，适用于一般回转类零件的车削加工。这种数控车床可同时控制两个坐标轴，即 X 轴和 Z 轴。

(3) 车削加工中心。车削加工中心在普通数控车床的基础上，增加了 C 轴和动力头，更高级的数控车床带有刀库，可控制 X、Z 和 C 三个坐标轴，联动控制轴可以是 (X, Z)、(X, C) 或 (Z, C)。由于增加了 C 轴和铣削动力头，这种数控车床的加工功能大幅增强，除可以进行一般车削外还可以进行径向和轴向铣削、曲面铣削、中心线不在零件回转中心的孔和径向孔的钻削等加工。

数控车削加工中心和数控车铣加工中心可在一次装夹中完成多道加工工序，提高了加工质量和生产效率，特别适用于复杂形状的回转类零件的加工。

(4) 柔性加工单元（flexible manufacturing cell，FMC）。FMC 车床实际上就是一个由数控车床、机器人等构成的系统。它能实现工件搬运、装卸的自动化以及工件加工调整准备的自动化操作。

5) 按进给伺服系统控制方式分类

(1) 开环控制系统。开环控制系统是指不带反馈的控制系统。开环控制具有结构简单、系统稳定、容易调试、成本低等优点，但是系统对移动部件的误差没有补偿和校正，所以精度低，一般适用于经济型数控机床和旧机床的数控化改造。

开环控制系统如图 1-3 所示。开环控制系统中部件的移动速度和位移量由输入脉冲的频率和数量决定。

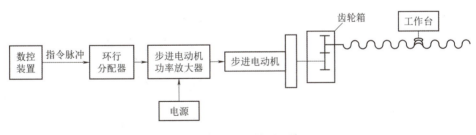

图 1-3　开环控制系统

(2) 半闭环控制系统。半闭环控制系统在开环系统的丝杠上装有角位移检测装置，通过检测丝杠的转角，间接地检测移动部件的位移，并将测量结果反馈到数控系统中。由于检测范围不包括惯性较大的机床移动部件，因此称作半闭环控制系统，如图 1-4 所示。半闭环控制系统的闭环环路内不包括机械传动环节，可获得稳定的控制特性；机械传动环节的误差可用补偿的办法消除，因此可获得满意的精度。中档数控机床广泛采用半闭环控制系统。

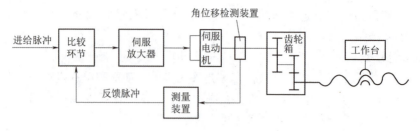

图 1-4　半闭环控制系统

（3）闭环控制系统。闭环控制系统在机床移动部件上装有直线位移检测器，将测量的结果直接反馈到数控装置中，与输入指令进行比较控制，使移动部件按照实际要求运动，最终实现精确定位。闭环控制系统如图 1-5 所示，因为把机床工作台纳入了位置控制环，故称为闭环控制系统。

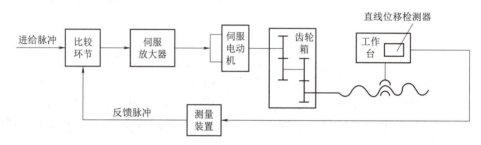

图 1-5　闭环控制系统

该系统定位精度高、调节速度快，但调试困难、系统复杂并且成本高，故适用于精度要求很高的数控机床，如精密数控镗铣床、超精密数控车床等。

3. 数控车床的结构与数控系统的主要功能

1）数控车床的结构

（1）数控车床的总体结构如图 1-6 所示。

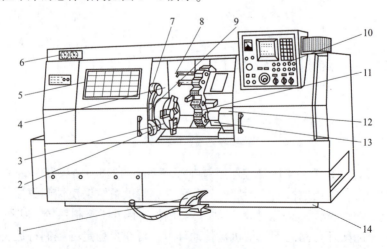

图 1-6　数控车床的总体结构

1—脚踏开关；2—对刀仪；3—主轴卡盘；4—主轴箱；5—防护门；6—压力表；
7，8—防护罩；9—转臂；10—操作面板；11—回转刀架；12—尾座；13—滑板；14—床身

①数控装置是数控机床的运算和控制系统，用于完成所有加工数据的处理和计算，最终实现对数控机床各功能的指挥工作。

> **素养提升：**
>
> 　　数控系统是数控机床的"大脑"，是数控机床功能部件中技术含量最高的核心部件。长久以来，国产中、高档数控系统的发展举步维艰，直到目前为止，80%以上的国产中、高档数控机床仍配套国外数控系统。
> 　　更为严峻的是，国外先进的高档数控系统至今仍对中国封锁，导致我国机床企业在新产品开发上受制于人。
> 　　中国数控产业的唯一出路，就是走自主创新之路，用自己的核心技术振兴中国数控产业。

②伺服系统由伺服电机和伺服驱动装置组成，是数控机床的执行机构，它把来自数控装置的脉冲信号经驱动单元放大后传送给电动机，带动机床移动部件运动，使工作台（或滑板）精确定位或按规定的轨迹做严格的相对运动，加工出符合图纸要求的零件。

③检测反馈装置用来检测机床实际运动参数，同时将测量结果反馈给数控装置，纠正指令误差，补偿加工误差。

④机床本体是数控机床的机械部件和一些配套部件，由床身、主轴箱、刀架、尾座、进给系统、冷却润滑系统等部分组成。数控车床直接用伺服电机通过滚珠丝杠驱动滑板和刀架实现进给运动，从而大幅简化了进给系统的结构。

（2）FANUC-0i 数控车床床身和导轨的布局。FANUC-0i 数控车床属于平床身、平导轨数控车床，它的工艺性好，便于导轨面的加工。其刀架水平布置，运动精度高，但是水平床身下部空间小，故排屑困难。从结构尺寸上看，刀架水平布置使滑板横向尺寸较长，从而加大了机床宽度。

（3）刀架布局分为排式刀架和回转式刀架两大类，如图 1-7 所示。目前两坐标联动数控车床多采用回转刀架，它在机床上的布局有两种形式：一种是用于加工盘类零件的回转刀架，其回转轴垂直于主轴；另一种是用于加工轴类和盘类零件的回转刀架，其回转轴平行于主轴。

（a）

（b）

（c）

图 1-7　刀架的布局

（a）4 工位转位刀架；（b）6 工位转位刀架；（c）8 工位转位刀架

（4）机械传动机构如图 1-8 所示。除了部分主轴箱内的齿轮传动机构外，数控车床仅保留了普通车床纵、横进给的螺旋传动机构。

图1-8 机械传动机构

1—主轴脉冲编码器；2—同步齿形带；3—主轴电机；4—主轴

图1-9所示为螺旋传动机构，数控车床中的螺旋副是将驱动电动机输出的旋转运动转换成刀架在纵横方向上直线运动的运动副。

构成螺旋传动机构的部件一般为滚珠丝杠副，如图1-10所示。滚珠丝杠副的摩擦阻力小，可消除轴向间隙及预紧，故传动效率及精度高、运动稳定、动作灵敏，但结构较复杂，制造技术要求高，所以成本也较高。另外，自动调整其间隙大小的难度也较大。

图1-9 螺旋传动机构

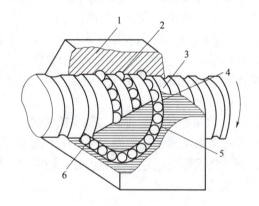

图1-10 滚珠丝杠副

1—螺母；2—滚珠；3—丝杠；
4,6—滚道；5—回路管道

2) 数控系统的主要功能

(1) 两轴联动。联动轴数是指数控系统按加工要求控制同时运动的坐标轴数。该系统可实现X，Z两轴联动。

(2) 插补功能。插补功能指数控机床能够实现的线形能力。机床的档次越高插补功能越多，能够加工的轮廓种类越多，一般系统可实现直线、圆弧插补功能。

(3) 进给功能。可实现快速进给、切削进给、手动连续进给、点动进给、进给倍率修调、自动加减带等功能。

(4) 刀具功能。可实现刀具的自动选择和换刀。

(5) 刀具补偿。可实现刀具在 X 轴，Z 轴方向的尺寸、刀尖半径、刀位等补偿。

(6) 机械误差补偿。可自动补偿机械传动部件因间隙产生的误差。

(7) 程序管理功能。可实现对加工程序的检索、编制、修改、插入、删除、更名、在线编辑及存储等功能。

(8) 图形显示功能。利用监视器（CRT）可监视加工程序段、坐标位置、加工时间等。

(9) 操作功能。可实现单程序段的执行、试运行、机床闭锁、暂停和急停等功能。

(10) 自诊断报警功能。可对其软、硬件故障进行自我诊断，用于监视整个加工过程是否正常，并在加工过程出现故障时及时报警。

(11) 通信功能。该系统配有 RS-232C 接口，为高速传输设有缓冲区。

4. 数控车床的主要技术参数和型号

数控车床的主要技术参数有最大回转直径；最大车削直径；最大车削长度；最大棒料尺寸；主轴转速范围；X 轴，Z 轴行程；X 轴，Z 轴快速移动速度；定位精度；重复定位精度；刀架行程；刀位数；刀具装夹尺寸；主轴型号；主轴电动机功率；进给伺服电机功率；尾座行程；卡盘尺寸；机床质量；轮廓尺寸（长×宽×高）等。

数控车床型号举例如下。

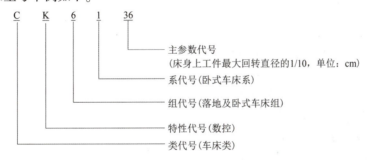

三、数控车床的工作原理

数控车床的工作原理如图 1-11 所示。数控装置获取代码的一种方法是：首先根据零件图样制订工艺方案，手工或使用计算机进行零件的程序编制，把加工零件所需的各种机床动作及全部工艺参数变成机床数控装置能接收的信息代码，然后将信息代码通过输入装置（操作面板）直接输入数控装置。另一种方法是利用计算机和数控机床的接口直接通信，实现零件程序的输入和输出。输入到数控装置的信息经过一系列处理和运算后，会转变成脉冲信号。有的信号被传送到机床的伺服系统，通过伺服机构对其进行转换和放大，再经过传动机构驱动机床有关部件。还有的信号被传送到可编程序控制器中，用以顺序控制机床的其他辅助动作，如实现刀具的自动更换与变速、松夹工件、开关切削液等动作。

四、数控车床的应用范围

数控加工最大的特点一是可以极大提高加工质量精度和加工时间误差精度，稳定加工质量，保证加工零件质量的一致性；二是可以极大改善劳动条件。

数控车床的应用范围正在不断扩大，但目前并不能完全代替普通车床，也不能以最经

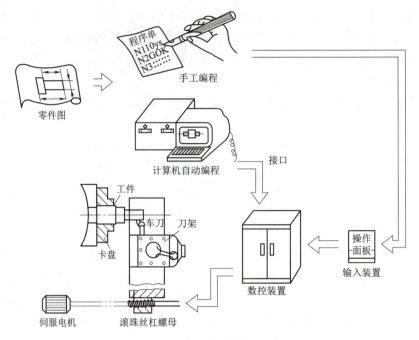

图 1-11 数控车床的工作原理

济的方法解决机械加工中的所有问题。

数控车床最适合加工具有以下特点的零件。

（1）形状结构比较复杂的零件。

（2）多品种、小批量生产的零件。

（3）需要频繁改型的零件。

（4）需要最短周期的急需零件。

（5）价值昂贵，不允许报废的关键零件。

（6）批量较大、精度要求高的零件。

机械加工劳动力成本不断增加，数控车床的自动化加工可减少操作工人数量（可以实现一人多台设备），提高生产效率。因此，大批量生产的零件采用数控车床（特别是经济型数控车床）加工，在经济上也是合理的。

任务实施

一、使用数控仿真系统选择数控车床

数控机床是一种较为昂贵的机电一体化的新型设备，具备高速、高效、高精度的特点。如果初学时就让学生直接在数控机床上操作，可能出现撞坏刀具等现象，甚至因操作失误导致人身伤害。应用数控加工仿真系统可以使学生占用数控机床的时间减少一半，学生可以在计算机上完成编程与程序校验，然后通过数据传输将所编程序输入数控机床，再

选择机床操作

对零件进行加工,从而大幅提高安全性及效率。选择 FANUC-0i 数控仿真系统的数控车床操作步骤见表 1-1。

表 1-1 选择 FANUC-0i 数控仿真系统的数控车床操作步骤

操作步骤	操作说明	示意图
1. 进入仿真系统	双击"数控加工仿真系统"图标	
2. 登录	单击"快速登录"按钮直接进入	
3. 选择车床	选择"机床"下拉菜单中"选择机床"命令,或单击工具栏里的"选择机床"按钮弹出"选择机床"对话框,在控制系统选项区域选中 FANUC 单选按钮,选择 FANUC 0i 命令。 在机床类型选项区域选中"车床"单选按钮,选择"标准(斜床身后置刀架)"命令。 单击"确定"按钮	

二、选择数控车床填写技术参数

1. 机型选择

在满足加工工艺要求的前提下,设备越简单风险越小,车削加工中心和数控车床都可

项目一 数控车床的安全操作与认识 11

以用于加工轴类零件，在满足同样加工规格要求的前提下，车削中心的价格要比数控车床高出数倍。因此，如果没有进一步工艺要求，则应选择数控车床。

2. 精度选择

定位精度要求较高的车床，必须注意它的进给伺服系统是采用半闭环方式还是全闭环方式。

> **素养提升：**
> 　　在数控车床的选择上要做到功能和精度不闲置、不浪费，不选择和加工工艺无关的功能。

3. 填写技术参数

通过观察数控车床并阅读 FANUC-0i mate 系统车床说明书，进行填写。

（1）数控系统类型为_____（Siemens 数控系统/FANUC 数控系统）。带_____（手摇脉冲发生器/USB 数据传输接口）。

（2）结构类型为_____（卧式普通型数控车床/立式普通型数控车床）。功能包括，可完成各种_____（轴类/盘类）零件的半精加工和精加工。可以车削各种_____（螺纹/圆弧/圆锥/回转体）的内外曲面。可以进行_____（镗孔/铰孔），能够满足_____（黑色金属/有色金属）的高速切削。

（3）填写数控车床技术参数表 1-2。

表 1-2　数控车床技术参数

项目	单位	规格
床身上最大回转直径		
最大切削长度		
最大切削直径		
主轴孔直径		
主轴转速范围		
主电动机功率		
X 轴行程		
Z 轴行程		
尾座行程		
标准刀架形式		
刀架转位重复定位精度		

（4）填写数控车床精度参数表1-3。

表1-3 数控车床精度参数

项目		规格
加工精度		
加工工件圆度		
加工工件圆柱度		
加工工件平面度		
加工工件表面粗糙度		
定位精度	X 轴	
	Z 轴	
重复定位精度	X 轴	
	Z 轴	

任务评价

对任务完成情况进行评价，并填写任务评价表1-4。

表1-4 任务评价表

序号	评价项目		自评			师评		
			A	B	C	A	B	C
1	职业素养	工位保持清洁，物品整齐						
		着装规范整洁，佩戴安全帽						
		操作规范，爱护设备						
2	仿真操作	进入仿真系统						
		登录						
		选择车床						
3	技术参数	数控车床类型、结构、功能判断						
		技术参数填写						
	综合评定							

扩展任务

数控车床与普通车床相比有哪些具体优点？

项目一 数控车床的安全操作与认识

任务 2　数控机床坐标系与回零操作

教学目标

（1）掌握机床坐标系、机床原点、参考点的概念。
（2）掌握数控车床的坐标系和运动方向。
（3）掌握数控车床的开关机和回零操作。
（4）了解数控车床操作规程，培养安全不离口，规章不离手的意识。
（5）了解车间 7S 管理，培养职业岗位职责。

任务描述

选择 FANUC-0i 数控系统数控车床，如图 1-12 所示。按照安全操作规程学习机床的开关机和回零操作。

图 1-12　数控车床操作面板

任务目的

培养安全意识，建立数控车床的机床坐标系。

知识链接

一、机床坐标系

数控车床通常使用两个坐标系：一个是机床坐标系；另一个是工件坐标系，又称程序坐标系。

1. 机床坐标系

机床坐标系是用来确定工件坐标系的基本坐标系，是机床本身所固有的坐标系，也是机床安装、调试的基础，由机床生产厂家设计时自定的机械挡块位置决定，不能随意改变。不同的机床有不同的坐标系。

2. 机床原点

机床原点是机床上的一个固定点，又称机械原点，是机床坐标系的原点，在机床装配、调试时就已经确定下来。

车床的机床原点定义为主轴旋转中心线与卡盘后端面的交点，如图1-13所示，O点即机床原点。

3. 参考点

参考点也是机床上的一个固定点。机床原点和参考点如图1-13所示（O'点即参考点）。其位置由Z向与X向的机械挡块来确定。当机床开机后，CRT显示屏显示的Z与X的坐标值均为零。当完成回参考点的操作后，则显示此时的刀架中心（对刀参考点）在机床坐标系中的坐标值，相当于数控系统内部建立了一个以机床原点为坐标原点的机床坐标系。当出现下列情况时，需进行回参考点操作，以确定机床坐标系原点。

（1）机床首次开机，或关机后重新接通电源时。

（2）解除机床急停状态后。

（3）解除机床超程报警信号后。

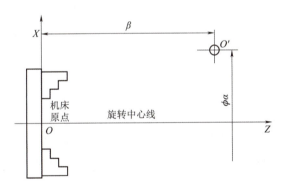

图1-13 机床原点和参考点

二、数控机床的坐标系和运动方向

在编程中要进行正确的数值计算，必须保证对机床运动的正确描述，因此必须明确数控机床的坐标轴和运动方向。

（1）为简化编程和保证程序的通用性，对数控机床的坐标轴和方向命名采用了统一的标准，规定直线进给坐标轴用X，Y，Z表示，常称基本坐标轴。

笛卡儿的故事：

笛卡儿将代数和几何联系起来，发明了解析几何，是伟大的数学家、哲学家和物理学家。据说笛卡儿坐标系的发明灵感来源于屋顶的蜘蛛。有一天笛卡儿卧病在床，但他并未停止思考，看到蜘蛛从屋顶拉着丝爬上爬下，笛卡儿豁然开朗，坐标系应运而生。他取得这么大的成就却说越学习越发现自己的无知，但他也曾自信地说过，我解决的每一个问题都会成为日后用以解决其他问题的法则。那么数控机床是怎么用右手直角笛卡儿坐标系解决坐标轴和运动方向的呢？

X，Y，Z 坐标轴的相互关系用笛卡儿直角坐标系右手定则确定，如图 1-14 所示，图中大拇指指向为 X 轴的正方向，食指指向为 Y 轴的正方向，中指指向为 Z 轴的正方向。

（2）旋转轴 A（B，C）绕直线轴 X（Y，Z）旋转，其正方向用右手法则确定，握住拳头，大拇指指向 X（Y，Z）轴的正方向，则其余四指指向为 A（B，C）的正方向。

（3）确定机床工件坐标系方向，假定刀具相对于静止的工件运动。

（4）某一坐标轴的正方向是指刀具远离工件的方向。

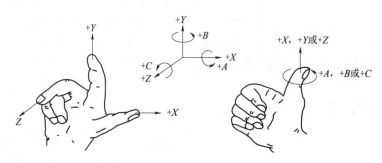

图 1-14 笛卡儿右手直角坐标系

三、数控车床的坐标系规定

数控车床的坐标系以径向为 X 轴方向，X 轴正方向是远离工件中心的方向，纵向为 Z 轴方向，指向主轴箱的方向为 Z 轴的负方向，而指向尾座的方向为 Z 轴的正方向。

图 1-15 所示是常见的数控车床坐标系。主轴为 Z 轴，刀架左右运动方向（即纵向）为 Z 轴运动方向，刀架前后运动方向（即横向）为 X 轴运动方向。

常见数控车床的刀架（刀塔）安装在靠近操作人员一侧，其坐标系如图 1-16 所示，X 轴靠近操作人员为负，远离操作人员为正。

若刀架安装在远离操作人员的一侧，则 X 轴远离操作人员为正，靠近操作人员为负，如图 1-17 所示，这类车床常见的有带卧式刀塔的数控车床。

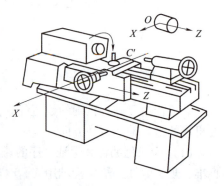

图 1-15 常见的数控车床坐标系

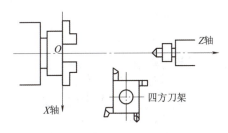
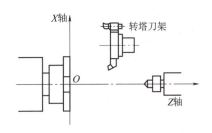

图 1-16 常见的数控车床刀架坐标系　　　图 1-17 带卧式刀架的数控车床坐标系

任务实施

回零操作

一、仿真系统回零操作

按照表 1-5 仿真回零（回参考点）操作步骤在仿真系统完成回零操作，并填写表中坐标变化值。

表 1-5　仿真回零操作步骤

操作步骤	操作说明	示意图
1. 激活车床	单击"启动"按钮，此时机床电动机和伺服控制的指示灯变亮。 检查急停按钮是否松开，若未松开，单击急停按钮，将其松开	
2. 车床回参考点	检查操作面板上回参考点指示灯是否亮起，若指示灯亮，则已进入回参考点模式；若指示灯不亮，则单击回参考点按钮，转入回参考点模式	

项目一　数控车床的安全操作与认识　17

续表

操作步骤	操作说明	示意图
2. 车床回参考点	在回参考点模式下，先将 X 轴回参考点，单击操作面板上的"X 方向"按钮 ⊠，使 X 轴方向移动指示灯 ⊠ 变亮，单击"正方向移动"按钮 ⊞，此时 X 轴将回参考点，X 原点灯 变亮	
	再单击"Z 方向"按钮 ⊠，使指示灯变亮，单击 ⊞ 按钮，Z 轴将回参考点，Z 原点灯 变亮	
3. 观察坐标值变化	观察此时 CRT 界面，填写坐标变化值。 X 由____变为____， Z 由____变为____。 由此可以判断此机床： X 轴最大行程为____， Z 轴最大行程为____	

二、操作前准备

注意人身安全，应遵守《数控车床安全操作规程》。
（1）工作时请穿好工作服、安全鞋，戴好工作帽及防护镜，不允许戴手套操作机床。
（2）不要移动或损坏安装在机床上的警告标牌。
（3）不要在机床周围放置障碍物，应确保工作空间足够大。
（4）某一项工作如需要两人或多人共同完成，应注意相互间的协调一致。
（5）不允许采用压缩空气清洗机床、电气柜及 NC 单元。

三、数控车床开机操作

按照表1-6开机操作步骤完成数控车床开机操作。

表1-6 开机操作步骤

机床开机操作

操作步骤	操作说明	示意图
1. 打开电源开关	在机床侧面打开电源开关,将其顺时针由 OFF 状态旋至 ON 状态	
2. 打开数控系统上的电源开关	按下车床上绿色按钮,接通 NC 电源	
	等待位置画面的显示,位置画面正式显示前请勿按动任何按钮	
3. 松开急停按钮	界面出现急停报警	
	向右旋开急停按钮	

项目一 数控车床的安全操作与认识

四、数控车床回零操作

按照表 1-7 回零（回参考点）操作步骤完成数控车床回零操作。

表 1-7 回零操作步骤

操作步骤	操作说明	示意图
1. 回参考点命令	按亮回参考点按钮	
2. X 轴回参考点	按住 X 轴正向按钮，直至 X 原点灯亮	
3. Z 轴回参考点	按住 Z 轴正向按钮，直至 Z 原点灯亮	

五、数控机床手动回零操作注意事项

（1）数控机床参考点就在行程正极限位置内侧附近。如果在回参考点时，机床已经在参考点附近，则必须先手动移动机床远离参考点，再进行回参考点的操作，否则将会引发超程报警。

（2）当工作方式开关不在回零方式时，各轴往参考点附近移动时将不会自动减速，普通车床到达时就可能滑出参考点或行程极限的边界之外，并引发超程报警。

六、数控车床关机操作

关机步骤与开机步骤相反，首先按下急停按钮，然后按下车床上的红色按钮关闭 NC 电源，最后将电源开关由 ON 状态旋至 OFF 状态，关闭机床电源。

任务评价

对任务完成情况进行评价，并填写到任务评价表1-8中。

表1-8 任务评价表

序号	评价项目		自评			师评		
			A	B	C	A	B	C
1	职业素养	工位保持清洁，物品整齐						
		着装规范整洁，佩戴安全帽						
		操作规范，爱护设备						
2	仿真操作	仿真回零操作						
3	机床操作	数控车床开机操作						
		数控车床回零操作						
		数控车床关机操作						
	综合评定							

扩展任务

1. 写出操作数控车床回零时遇到的问题。
2. 什么是车间 7S 管理？

任务3　工件坐标系与对刀操作

教学目标

(1) 掌握工件坐标系的概念。
(2) 掌握数控车床的仿真对刀操作。
(3) 掌握数控车床的对刀操作。
(4) 了解数控车床安全规范与维护保养知识。
(5) 培养学生文明生产及安全操作意识。

任务描述

用图1-18 (b) 所示数控车床加工图1-18 (c) 所示零件时，对刀操作很关键，对刀操作的正确与否，直接影响后续的加工。若对刀有误，轻则影响零件的加工精度，重则造成机床事故。因此，作为数控车床的操作者，需要按照安全操作规程进行数控车床的对刀操作。

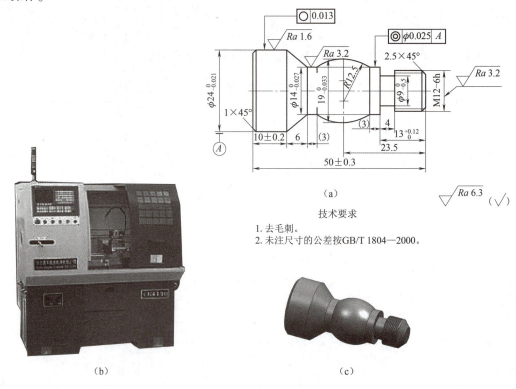

图 1-18 数控车床及加工的零件图
(a) 零件图；(b) 数控车床；(c) 零件

任务目的

掌握对刀操作与工件坐标系的建立方法。

知识链接

一、工件坐标系

1. 工件坐标系

以程序原点为原点构成的坐标系称为工件坐标系。工件坐标系又称编程坐标系，是编程人员在编程和加工时使用的坐标系，即程序的参考坐标系。

2. 工件原点

进行程序设计时，依据工件图尺寸转换成坐标系，在转换成坐标系前即会选定某一点作为坐标系零点。然后以此零点为基准计算出各点坐标，此零点称为工件零点（工件原点），称程序零点（程序原点）。数控车床的程序原点一般定为零件精加工右端面与轴心线的交点处。图 1-19 所示为以工件右端面为工件原点的工件坐标系。

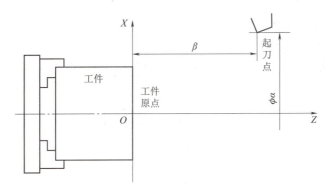

图1-19　以工件右端面为工件原点的工件坐标系

二、FUNAC-0i 车床标准面板

FUNAC-0i 车床标准面板如图1-20所示，由系统操作面板（CRT/MDI 操作面板）和机床操作面板（又称用户操作面板）等组成。图1-20上方是系统操作面板，左下方是机床操作面板。另外，在机床操作面板的右侧面还有一个手摇控制面板。

图1-20　FANUC 0i 车床标准面板

1. 机床操作面板

机床操作面板主要用于控制机床的运动和选择机床运行状态，由操作模式选择按钮、数控程序运行控制开关等多个部分组成，操作模式选择按钮见表1-9；数控程序运行控制开关见表1-10。

表1-9　操作模式选择按钮

图标	名称	功能
▶	自动操作	控制机床连续自动加工

续表

图标	名称	功能
	编辑方式	程序存储和编辑
	MDI	手动数据输入
	远程执行	执行由外部数据源传入的程序
	返回参考点	机床手动返回参考点
	快速点动	刀架按不同倍率快速移动
	机动速度进给	以特定的进给速度控制机床某轴移动
	手摇脉冲进给	通过手轮使刀架前后或左右运动

表 1-10 数控程序运行控制开关

图标	名称	功能
	程序的单段运行	每按一次循环启动按钮,执行一段程序,主要用于测试程序
	程序段任选跳步操作	对凡在程序段前有"/"符号的程序段全部跳过不执行
	程序选择性停止	执行至 M01 时暂停
	进给暂停	在自动操作方式和 MDI 方式下,按下此按钮,程序执行被暂停
	机床锁住操作	按下此按钮,机床处于锁住状态,在手动方式下,各轴移动操作只能使位置显示值变化,机床各轴不动,主轴、冷却、刀架照常工作
	试运行	用于在不切削的情况下试验、检查新输入的工件加工程序的操作
	循环启动	在自动操作方式和 MDI 方式下,启动程序
	程序运行开始	模式选择按钮,在 ATUO 和 MDI 位置时按下有效,其余时间按下无效
	循环停止	自动方式下,遇有 M00 程序停止
	主轴正转	手动开机床主轴正转
	主轴停转	手动开机床主轴停转
	主轴反转	手动开机床主轴反转
	急停键	发生紧急情况,立即停止操作,机床的全部动作停止
	主轴倍率	调节主轴速度,速度调节范围为 0~120%
	进给倍率	调节数控程序运行中的进给速度,调节范围为 0~120%

2. 系统操作面板

系统操作面板由 CRT 显示器和 MDI 键盘两部分组成。CRT 显示器可以显示机床的各种参数和功能，如显示机床参考点坐标、刀具起始点坐标、输入数控系统的指令数据、刀具补偿值的数值、报警信号、自诊断内容等。MDI 键盘由功能按钮、字母数字按钮、光标移动和翻页按钮等组成，主要的功能按钮见表 1-11。

表 1-11 MDI 键盘主要的功能按钮

图标	名称	功能
POS	位置按钮	显示现在位置，可显示绝对坐标值、相对坐标值
PROG	程序按钮	在 EDIT 方式下，可以进行存储器内程序的编程、列表及显示；MDI 数据的输入显示；在自动运转方式下，逐步显示程序内容
OFFSET SETTING	刀偏设置	显示或输入刀具偏置量和磨耗值
SHIFT	上挡按钮	转换对应字符
CAN	取消按钮	取消输入的字符
INPUT	数据输入按钮	参数或补偿值等数据的输入
SYSTEM	系统参数页面	设置和更改系统参数
MESSAGE	信息页面	用于显示系统信息
CUSTOM GRAPH	图形参数设置页面	用于图形的显示
ALTER	替代按钮	用于指令更改
INSERT	插入按钮	输入所编写的数据指令
DELETE	删除按钮	删除光标所在的代码
RESET	复位按钮	复置 CNC，解除报警

三、数控车床安全规范教育与维护保养

严格遵循数控车床的安全操作规程，不仅是保障人身和设备安全的需要，也是保证数控车床能够正常工作、达到技术性能、充分发挥其加工优势的需要。另外，操作人员还要具有对数控车床进行维护保养的能力，以便减少故障率，提高数控车床的利用率。因此，数控车床在使用和操作中必须严格遵循安全操作规程，并进行日常及定期的系统检查、维护保养工作。

1. 安全文明生产及安全操作基本要求

（1）学生进入实训场地时，必须穿好工作服，并扎紧袖口，长发必须戴工作帽。

（2）不允许穿凉鞋和高跟鞋进入实训场地。

（3）严禁戴手套操作数控车床。

（4）加工硬脆工件或高速切削时，须戴防护镜。

（5）学生必须熟悉数控车床性能，掌握操作面板的功用，否则不得使用车床。

（6）不要移动或损坏安装在机床上的警告标牌。

（7）不要在机床周围放置障碍物，应确保工作空间足够大。

（8）某一项工作如需要两人或多人共同完成时，应注意相互间的协调一致，如装卸卡盘或装夹重工件时，要有人协助，且床面上必须垫木板。

（9）不允许采用压缩空气清洗机床、电气柜及 NC 单元。

（10）不得任意拆卸和移动机床上的保险和安全防护装置。

（11）严禁用敲打的方法在卡盘上、顶尖间进行工件的校直和修正工作。

（12）工件、刀具和夹具，都必须装夹牢固，才能切削加工。

（13）未经许可，禁止打开电器箱。

（14）机床加工运行前，必须关好机床防护门。

（15）工件转动过程中，不准用手摸工件，或用棉丝擦拭工件，不准用手清除切屑，不准用手强行刹车。

（16）机床若数天不使用，应每隔一天对 NC 及 CRT 部分通电 2～3 h。

（17）严格遵守岗位责任制，机床由专人使用，他人使用须经辅导教师同意。

2. 加工运行前的准备工作

1）开机前的准备工作

开机前，清理好现场，机床导轨、防护罩顶部不允许放工具、刀具、量具、工件及其他杂物，上述物品必须放在指定的工位。

开机前，应按说明书规定给相关部位加油，并检查油标，确认油量是否充足。

2）加工运行前的准备工作及应注意的问题

（1）加工运行前要预热机床，认真检查润滑系统工作是否正常，若机床长时间未使用，必须按说明书要求润滑各手动润滑点。

（2）使用的刀具应与机床允许的规格相符，有严重破损的刀具要及时更换。

（3）调整刀具所用的工具不要遗忘在机床内。

（4）刀具安装好后应进行一两次试切削。

（5）检查卡盘夹紧工件的工作状态。

（6）对需使用顶尖装夹的零件，要检查顶尖孔是否合适，以防发生危险。

（7）工件伸出车床 100 mm 以外时，须在伸出位置设防护物。

（8）开机后，应遵循先回零、手动、点动、自动的原则。

（9）手动回零时，注意机床各轴位置要距离原点 -50 mm 以上，机床回零顺序为首先 +X 轴，然后 +Z 轴。

（10）使用手轮或快速移动方式从参考点移动各轴位置时，一定要看清机床 X 轴、Z 轴各方向"＋""－"号标牌后再移动。移动时，首先 -Z 轴，然后 -X 轴，可先慢转手轮观察机床移动方向无误后方可加快移动速度。

(11) 机床运行应遵循先低速再中速，最后高速的运行原则。其中低、中速运行时间不得少于 2~3 min，当确定无异常情况后，方能开始工作。

(12) 机床开始加工之前，必须采用程序校验方式，检查所用程序是否与被加工工件相符，并且刀具应离开工件端面 100 mm 以上。待确定无误后，方可关好机床安全防护门，开动机床进行零件加工。

3. 工作过程中的安全注意事项

(1) 禁止用手接触刀尖和铁屑，铁屑必须用铁钩子或毛刷来清理。

(2) 禁止用手或其他任何方式接触正在旋转的主轴、工件或其他运动部位。

(3) 装卸工件、调整工件、检测工件、紧固螺钉、更换刀具、清除切屑都必须停车。

(4) 加工过程中不能用棉丝擦拭工件，也不能清扫机床。

(5) 车床运转过程中，操作者不得离开岗位，机床发现异常现象应立即停车。

(6) 加工过程中，不允许打开机床防护门，以免工件、铁屑、润滑油飞出。

(7) 经常检查轴承温度，温度过高时应报告指导教师。

(8) 学生必须在完全清楚操作步骤后进行操作，遇到问题立即向指导教师询问，禁止在不知道规程的情况下进行尝试性操作，操作中如机床出现异常，必须立即向指导教师报告。

(9) 车床运转不正常，有异响或异常现象，要立即停车，报告指导教师。

(10) 运行程序加工注意事项如下。

①对刀应准确无误，刀具补偿号应与程序调用刀具号符合。

②检查机床各功能按钮的位置是否正确。

③光标要放在主程序头。

④加注适量冷却液。

⑤站立位置应合适，启动程序时，右手做按停止按钮准备，程序在运行时手不能离开停止按钮，如遇紧急情况应立即按下停止按钮。

(11) 加工过程中认真观察切削及冷却状况，确保机床、刀具的正常运行及工件的加工质量。

(12) 关机时，要等主轴停转 3 min 后方可关机。

4. 工作完成后的基本要求

(1) 应清除切屑、擦净车床，在导轨面上加润滑油，将尾座移至床尾位置，切断机床电源。

(2) 打扫环境卫生，保持清洁状态。

(3) 注意检查机床导轨上的刮屑板，如磨损损坏应及时更换。

(4) 检查润滑油、冷却液的状态，若不足应及时添加或更换。

5. 维护保养

1) 数控车床日常保养

数控车床日常保养部位及内容、要求见表 1-12。

表 1-12　数控车床日常保养

保养部位	内容和要求
外观部分	1. 擦拭机床表面，工作结束后，所有的加工面抹上机油防锈。 2. 清除切屑（内、外）。 3. 检查机床内外有无磕、碰、拉伤现象
主轴部分	1. 检查液压夹具运转情况。 2. 检查主轴运转情况
润滑部分	1. 检查各润滑油箱的油量。 2. 检查各手动加油点，按规定加油，并旋转滤油器
尾座部分	1. 每周一次移动尾座清理底面和导轨。 2. 每周一次拿下顶尖并清理
电气部分	1. 检查三色灯和开关。 2. 检查操纵板上各部分的位置
其他部分	1. 液压系统无滴油或发热现象。 2. 切削液系统工作正常。 3. 工件排列整齐。 4. 清理机床周围，达到清洁状态。 5. 认真填写好交接班记录及其他记录

2）数控车床定期保养

数控车床定期保养部位及内容、要求见表 1-13。

表 1-13　数控车床定期保养部位及内容、要求

保养部位	内容和要求
外观部分	清除各部件切屑、油垢，做到无死角，保持内外清洁，无锈蚀
液压系统及切削油箱	1. 清洗滤油器。 2. 确保油管畅通、油窗明亮。 3. 确保液压站无油垢、灰尘。 4. 切削液箱内应加 5~10 mL 防腐剂（夏天 10 mL，其他季节 5~6 mL）
机床本体及清屑器	1. 卸下刀架尾座的挡屑板并清洗。 2. 扫清清屑器上的残余铁屑，每 3~6 个月（根据工作量大小）卸下清屑器，清扫机床内部。 3. 扫清回转装刀架上的全部铁屑

6. 机床操作

按一下机动速度进给按钮 ▣，指示灯亮，机床进入手动操作方式，在这种方式下，工作程序不能自动运行，但可以实现机床所有操作功能。各功能操作如下。

1) X 轴，Z 轴点动及点动速率的选择

按下 Z、"-"或"+"按钮，刀架向 Z 轴负或正方向移动，放开则停止移动。按下 X、"-"或"+"按钮，刀架向 X 轴负或正方向移动，放开则停止移动。

刀架的实际移动速率由进给倍率开关的位置决定：0 对应最低速率，120% 对应最高速率。

2) 快速点动及快速倍率选择

按下 X（或 Z）轴的点动按钮，同时按下手动快速按钮时，刀架快速移动。放开快速选择按钮，指示灯灭，刀架移动恢复成点动速度。

快速倍率有 4 种选择 1%，25%，50%，100%，用 1%，25%，50%，100% 四个按钮选定。按下其中任意一个，则指示灯亮，该按钮上的百分数就是当前的快速倍率。

快速倍率对程序快速指令（G00，G27，G28，G30，固定循环的快移段）同样有效，对手动返回参考点的快移行程也有效。

3) 主轴正转、反转、停止、点动

按下主轴正（反）转按钮，指示灯亮，主轴正（反）转。按下主轴停止按钮，主轴正转或反转指示灯都灭，主轴停止转动。按下主轴点动按钮，主轴旋转，放开则主轴停转。

4) 冷却液启闭

按下冷却液开或闭按钮，指示灯亮或灭，冷却液泵通电或断开，冷却液打开或关闭。在 AUTO 或 MDI 方式下，执行了指令 M08 冷却液开，执行了指令 M09 冷却液关。

5) 手动选刀

按下手动选刀按钮，刀架自动松开，然后逆时针转位，数码显示器的右位数显示当前的刀位号。轻按选刀按钮，可以实现按一次选一个刀位。按住选刀按钮，直到刀架转过所要的刀位后再释放，就可以一次选到任意刀位。

6) 工件坐标系的建立、对刀及刀具补偿

（1）手摇脉冲进给方式。按一下手摇脉冲进给按钮，按钮指示灯亮，机床处于手摇进给操作方式，操作者可以摇动手摇轮（手摇脉冲发生器），使刀架前后、左右运动，移动速度由手摇轮×1，×10，×100 和手摇速度决定，非常适合近距离对刀等操作。

操作步骤：按一下手摇脉冲进给按钮→选择脉冲倍率，不能放在零位→选择手摇进给轴。按一下 X，Z 轴选择按钮→顺时针方向"+"或逆时针方向"-"摇动手摇轮，刀架即可沿相应轴的方向移动。

（2）手动数据输入方式。

按一下 MDI 按钮，指示灯亮，机床处于手动数据输入操作方式。操作者可以通过系统键盘输入一段程序，按循环启动按钮，即可实现自动运行。在此方式下，进行换二号刀操作，可自动实现换刀操作。

操作步骤：按 MDI 按钮，进入操作界面→按程序按钮→通过系统键盘输入 T0202→按循环启动按钮。

任务实施

数控程序一般按工件坐标系编程，对刀的过程就是建立工件坐标系与机床坐标系之间

项目一　数控车床的安全操作与认识

关系的过程。下面具体说明车床对刀的方法。其中，将工件右端面中心点设为工件坐标系原点。将工件上其他点设为工件坐标系原点的方法与对刀方法类似。

1. 仿真系统对刀操作

按照表1-14对刀操作步骤在仿真系统完成对刀，并在表中填写对刀结果。

表1-14 对刀操作步骤

操作步骤	操作说明	示意图
1. 定义毛坯 定义毛坯	1. 选择"零件" | "定义毛坯"命令或单击工具栏中的"毛坯"按钮，弹出"定义毛坯"对话框。 2. 在"名字"文本框内输入毛坯名，也可使用默认值。 3. 选中"圆柱形"单选按钮。 4. 根据需要在"材料"下拉列表框中选择毛坯材料。 5. 尺寸文本框用于输入尺寸，单位为mm。 6. 单击"确定"按钮，保存定义的毛坯并退出本操作	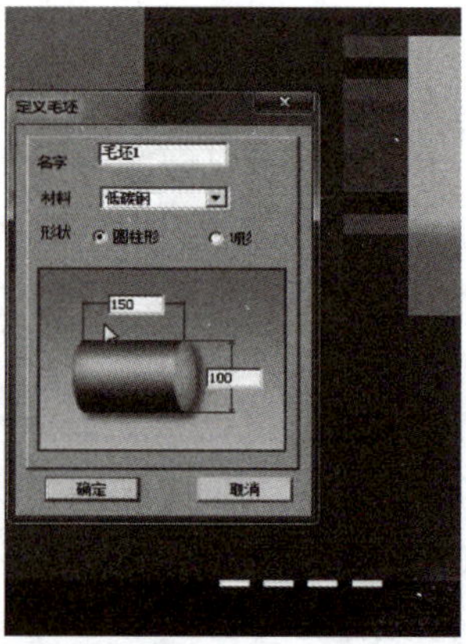
2. 放置零件 放置零件	选择"零件" | "放置零件"命令或在工具条中单击"放置零件"按钮，选中的零件信息加亮显示，单击"安装零件"按钮 调整零件，零件可以在工作台面上移动。毛坯放在工作台上后，系统将自动弹出一个小键盘，通过单击小键盘上的方向按钮，实现零件的平移和旋转或车床零件的调头。小键盘上的"退出"按钮用于关闭小键盘。选择"零件" | "移动零件"命令，也可以打开小键盘。请在执行其他操作前关闭小键盘	

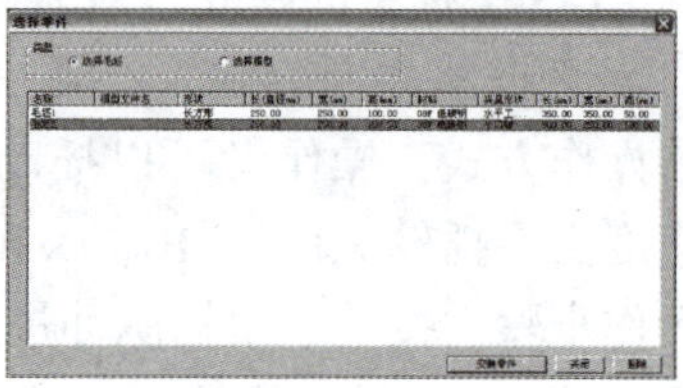

续表

操作步骤	操作说明	示意图
3. 安装刀具 安装刀具	1. 选择"机床"丨"选择刀具"命令或单击工具栏中的"刀具"按钮，弹出"刀具选择"对话框。 2. 系统中数控车床允许同时安装 8 把刀具（后置刀架）或者 4 把刀具（前置刀架）。 首先在刀架图中单击所需的刀位，该刀位对应程序中的 T01～T08（T04）；其次选择刀片类型；然后在刀片列表框中选择刀片；接着选择刀柄类型；最后在刀柄列表框中选择刀柄。 3. 拆除刀具。在刀架图中单击要拆除刀具的刀位，单击"卸下刀具"按钮。 4. 单击"确定"按钮，确认操作	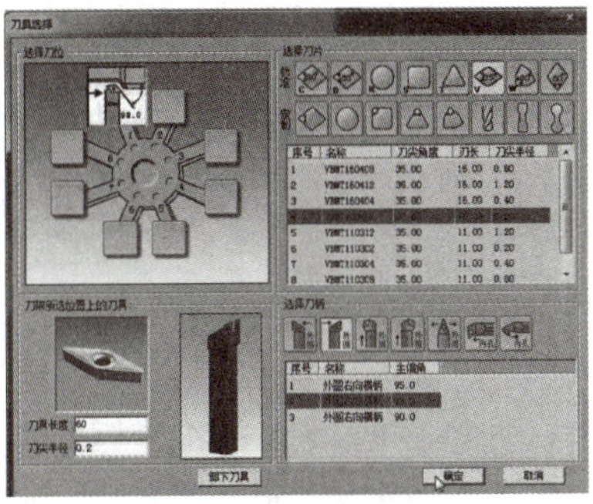
4. X 向对刀 X 向对刀	1. 切削外径。 单击操作面板上的"手动"按钮，手动状态指示灯变亮，机床进入手动操作模式，单击控制面板上的"X 方向"按钮，使 X 轴方向移动指示灯变亮，单击"正方向移动"按钮或"负方向移动"按钮，使机床在 X 轴方向移动；使用同样的方法使机床在 Z 轴方向移动。 2. 通过手动方式将机床移到大致位置。 单击操作面板上的"正转"按钮或"反转"按钮，使其指示灯变亮，主轴转动。再单击"Z 方向"按钮，使 Z 轴方向移动指示灯变亮，单击"负方向移动"按钮，用所选刀具来试切工件外圆，然后单击"正方向移动"按钮，X 方向保持不动，刀具退出	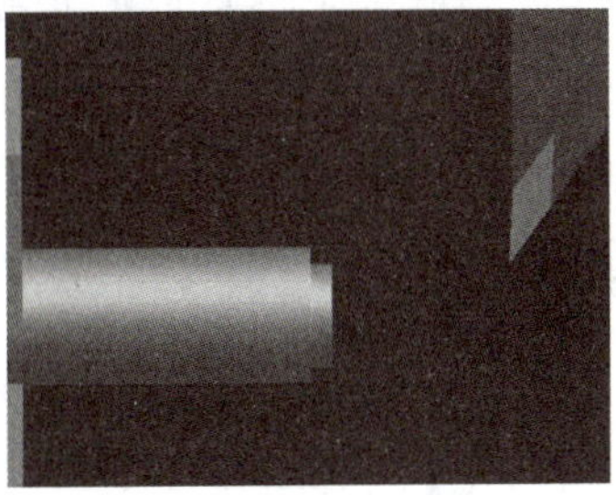

项目一 数控车床的安全操作与认识 31

续表

操作步骤	操作说明	示意图
4. X 向对刀	测量切削位置的直径。 单击操作面板上的"主轴停止"按钮，使主轴停止转动，选择菜单"测量"｜"坐标测量"命令，弹出"车床工件测量"对话框，单击试切外圆时所切线段，选中的线段会由红色变为黄色。记下下半部对话框中对应的 X 的值（即直径）	
	单击系统操作面板上的"刀偏设置"按钮，把光标定位在需要设定的坐标系上，将光标移到 X，输入直径值，单击"测量"按钮（通过单击软键操作，可以进入相应的菜单）	
5. Z 向对刀 Z 向对刀	切削端面。 单击操作面板上的"正转"按钮或"反转"按钮，使其指示灯变亮，主轴转动。 将刀具移至切削端面位置，单击控制面板上的"X 方向"按钮，使 X 轴方向移动指示灯变亮，单击"负方向移动"按钮，切削工件端面，然后单击"正方向移动"按钮，Z 方向保持不动，刀具退出	
	单击操作面板上的"主轴停止"按钮，使主轴停止转动；把光标定位在需要设定的坐标系上；在 MDI 键盘面板上单击需要设定的 Z 轴按钮；输入工件坐标系到原点的距离（注意距离有正负号）；单击"测量"按钮，自动计算出坐标值填入	

续表

操作步骤	操作说明	示意图
6. 结果	填写对刀结果： X _____ ； Z _____	

2. 准备工件

1）加工装夹面

工件外圆面为装夹定位面，所以需将毛坯硬皮去掉大约 15 mm 长，该长度为装夹长度。

2）安装毛坯

将刚车削的工件掉头装夹。工件装夹、找正仍需遵守普通车床的要求。圆棒料装夹时工件要水平安放，右手拿工件稍做转动，左手配合右手旋紧夹盘扳手，将工件夹紧。工件伸出卡盘端面外长度应为加工长度再加 10 mm 左右，工件具体安装方法如图 1-21 所示。

图 1-21 工件具体安装方法

3. 刀具准备

1）检查刀具

检查所用刀具螺钉是否夹紧，刀片是否破损。刀具如图 1-22 所示。

2）安装刀具

按刀具号将刀具装于对应刀位。所用刀具为机夹刀，装夹时让刀杆贴紧刀台，伸出长度在保证加工要求前提下越短越好，一般为刀具长度的 1/3，如图 1-23 所示。

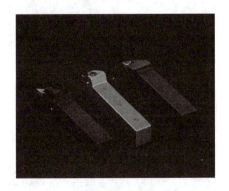

图 1-22 刀具

图 1-23 安装刀具

项目一 数控车床的安全操作与认识

4. 数控车床对刀操作

按照表 1-15 数控车床对刀步骤在数控车床完成对刀操作。

表 1-15　数控车床对刀步骤

操作步骤	操作说明	示意图
1. 手动选择刀位 机床手动选择刀位	按手动选刀按钮	
	把外圆刀选到当前刀位	
2. 设定主轴转速 机床设定主轴转速	按 MDI 按钮	
	按程序按钮 PROG	
	输入 M03 S1200，按插入按钮 INSERT，输入所编写的数据指令	
	按车床上绿色的启动循环按钮	

续表

操作步骤	操作说明	示意图
3. X 向对刀 机床 X 向对刀	用手轮选择 ×100，×10 操作，移动工作台使刀具接触工件外圆，并车一段长为 10mm 的外圆	
	在 X 轴不动的情况下将刀具沿 Z 向移出，主轴停，测量工件外径（精确到小数点后两位）	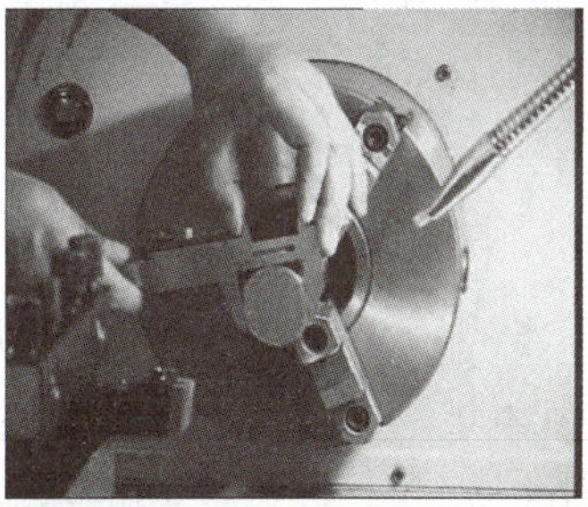
	按下刀偏设置按钮 [OFFSET SETTING]，打开刀具偏置界面，在试切直径栏输入 X 向的测量值，按"测量"键完成 X 向当前刀具的对刀操作。系统自动把经过计算的 X 向偏置值放入 X 偏置栏中	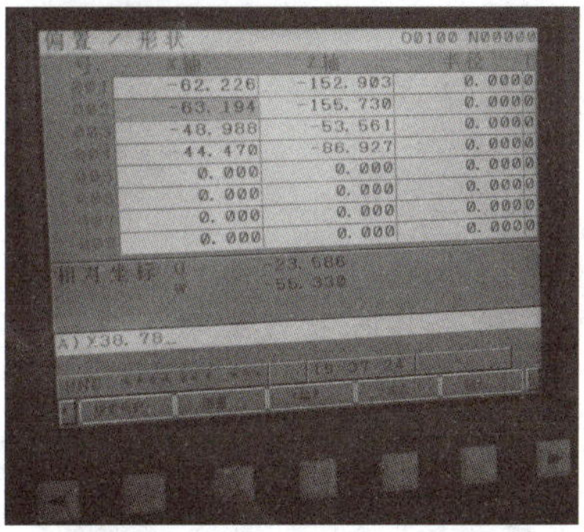
4. Z 向对刀 机床 Z 向对刀	用点动方式将刀具快速移动到接近工件位置，换手轮操作。选择增量倍率为 ×10 操作，移动工作台使刀具接触工件端面。在 Z 轴不动情况下将刀具 X 向移出	
	按下刀偏设置按钮 [OFFSET SETTING]，打开刀具偏置界面，在第一号地址对应的试切长度栏输入 Z0，按"测量"键，系统自动把计算后的工件 Z 向零点偏置值输入到 Z 偏置栏。完成 Z 向当前刀具的对刀操作	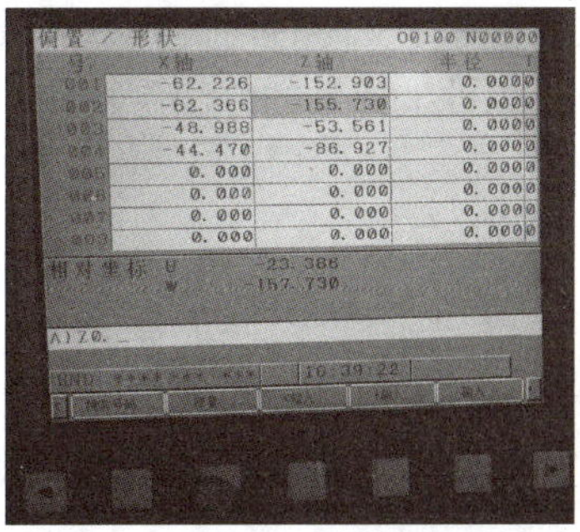

项目一　数控车床的安全操作与认识　35

5. 数控车床试切对刀操作注意事项

（1）程序中用到的每一把刀都需要对刀，对刀的数据必须输入与刀具号码对应的行，以便于使用 T 代码调用刀偏补偿值。

（2）每一把刀的试切数据输入后，将光标移开，且不能再在刀偏表的该数据栏中输入数据，以免破坏原刀偏值。

任务评价

完成任务工单 1 和任务工单 2，对任务完成情况进行评价，并填写任务评价表 1-16。

表 1-16　任务评价表

序号	评价项目		自评			师评		
			A	B	C	A	B	C
1	职业素养	工位保持清洁，物品整齐						
		着装规范整洁，佩戴安全帽						
		操作规范，爱护设备						
2	仿真操作	定义毛坯						
		放置零件						
		安装刀具						
		X 向对刀						
		Z 向对刀						
3	机床操作	手动选择刀位						
		设定主轴转速						
		X 向对刀						
		Z 向对刀						
		综合评定						

扩展任务

1. 数控车床加工零件时为什么需要对刀？简述试切法对刀的过程。
2. 建立工件坐标系的方法有哪些？

任务工单 1

工作任务		分析加工含椭圆配合件的工艺过程	
小组号		工作组成员	
工作时间		完成总时长	
工作任务描述			
分析含椭圆配合零件所要求的加工工艺过程			
小组分工	姓名		工作任务
工艺过程			
工序	工序内容	工序简图	刀具、设备

续表

验收评定		验收人签名	
总结反思			
学习收获			
创新改进			
问题反思			

任务工单 2

工作任务	建立工件坐标系		
小组号		工作组成员	
工作时间		完成总时长	
工作任务描述			
ϕ50 mm×125 mm（直径×长度）的圆柱料，完成对刀和工件坐标系建立			
小组分工	姓名	工作任务	
操作过程记录单			
步骤	问题	填写内容	处理方法
1. 选择机床	机床型号		
2. 开机	是否出现报警		
3. 装夹工件	夹具名称		
4. 刀具选择	外圆粗车刀刀号		
5. 主轴转动	转向与转速		

续表

步骤	问题	填写内容	处理方法
6. 车端面	Z 轴坐标值 对刀对应几号 结果		
7. 车外圆	X 轴直径值 对刀对应几号 结果		
验收评定		验收人签名	
总结反思			
学习收获			
创新改进			
问题反思			

项目一　数控车床的安全操作与认识

项目二 FANUC-0i 系统阶梯轴编程与加工

任务1 编程基础

教学目标

(1) 掌握数控程序的结构与基本编程指令。
(2) 掌握准备功能指令 G 的有关规定。
(3) 掌握辅助功能指令 M30,M03~M05 的用法。
(4) 掌握刀具指令 T 及速度指令 F,S 的用法。
(5) 培养学生自学能力和接受新鲜事物的能力。
(6) 培养学生精益求精的工匠精神。

任务描述

数控加工中有轴类、盘套类和非圆曲线类特征的零件。某生产厂家需加工一批含椭圆的配合零件,其材料为 45 钢,如图 2-1 所示。在项目一中分析了零件组成,本任务初步介绍数控编程基础知识,并编制检验对刀结果的程序。

图 2-1 含椭圆配合类零件

任务目的

了解数控程序编程的基本方法和基本功能指令,会编制检验对刀结果的数控加工程序。

知识链接

一、数控编程与数控系统

输入数控系统中的、使数控机床执行一个确定的加工任务的、具有特定代码和其他符号编码的一系列指令,称为数控程序(NC program)或零件程序(part program)。

生成用数控机床进行零件加工的数控程序的过程,称为数控编程。

程序语法要求能被数控系统识别,同时要求程序语义能正确地表达加工工艺要求。数控系统的种类繁多,为实现系统兼容,国际标准化组织制定了相应的标准,我国也在国际标准基础上相应制定了 JB/T 3208—1999 标准。由于数控技术的高速发展和市场竞争等因素,导致不同系统间存在部分不兼容的情况,如 FANUC -0i 系统编制的程序无法在 SIEMENS 系统上运行。因此编程必须注意具体的数控系统或机床,应该严格按机床编程手册中的规定进行程序编制。但从数控加工内容本质上讲,各数控系统的各项指令都是根据实际加工工艺的要求而设定的,因此,本书选择编程功能较强,具有典型代表性的 FANUC -0i 系统为基础,并注意与实践结合,使学生学习时就能做到触类旁通直至融会贯通。

二、数控程序编制的基本方法

1. 编程方法

数控编程方法有手工编程和自动编程两种。

手工编程是指零件图样分析、工艺处理、数据计算、编写程序单、输入程序、程序校验等各步骤主要由人工完成的编程过程。它适用于点位加工或几何形状不太复杂的零件的加工,以及计算较简单、程序段不多、编程易于实现的场合等。

自动编程即程序编制工作的大部分或全部由计算机完成,可以有效解决复杂零件的加工问题,也是数控编程未来的发展趋势。同时,也要注意到手工编程是自动编程的基础,自动编程中许多核心经验都来源于手工编程,二者相辅相成。

2. 编程步骤

拿到一张零件图纸后,首先应对零件图纸进行分析,确定加工工艺过程,即确定零件的加工方法(如采用的工夹具、装夹定位方法等)、加工路线(如进给路线、对刀点、换刀点等)及工艺参数(如进给速度、主轴转速、切削速度和切削深度等)。其次,应进行数值计算,绝大部分数控系统都带有刀补功能,只需计算轮廓相邻几何元素的交点(或切点)的坐标值,得出各几何元素的起点、终点和圆弧的圆心坐标值即可。最后,根据计算出的刀具运动轨迹坐标值和已确定的加工参数及辅助动作,结合数控系统规定使用的坐标指令代码和程序段格式,逐段编写零件加工程序单,并输入 CNC 装置的存储器中。数控机床编程步骤如图 2-2 所示。

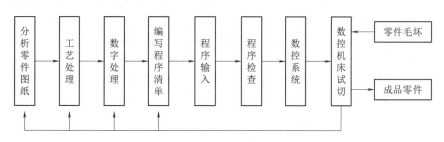

图 2-2 数控机床编程步骤

3. 程序的结构

1)程序的构成

每种数控系统,根据系统本身的特点和编程的需要,都有一定的格式。对于不同的机床，其编程格式也不尽相同。一个完整的程序由程序号、程序的内容和程序结束三部分组成，例如：

```
O1000 ;                              } 程序号
N10   T0101;
N20   G00 X50.Z60.S300 M03 ;
…                                    } 程序内容
N30   G01 X100.Y500.F0.2 ;
N200  M30 ;                          } 程序结束
```

（1）程序号。在数控装置中，程序记录是由程序号来辨别的，使用某个程序可通过程序号来调出，编辑程序也要首先调出程序号。程序号由 4 位数（0001~9999）表示。

程序编号方式为：O＿＿＿＿。

可以在程序编号后面注上程序的名字并用括号括起。程序名可用 16 位字符表示，要求便于理解。程序编号要单独使用一个程序段。

（2）程序内容。程序内容部分是整个程序的核心，主要用来使数控机床自动完成零件的加工。

零件加工程序由若干个程序段组成。每个程序段一般占一行，由段结束符号";"隔开。

（3）程序结束。程序结束是以程序结束指令 M02 或 M30 作为整个程序结束的符号，用来结束零件的加工。

2）程序段的构成及特点

每个程序段由若干个字组成，每个字又由地址码和若干个数字组成，字母、数字、符号统称为字符。

程序段主要是由程序段序号和各种功能指令构成的，格式如下。

N G X(U) Z(W) F M S T;

N 为程序段序号；G 为准备功能；X（U），Z（W）为工件坐标系中 X 轴，Z 轴移动终点位置（相对移动量）；F 为进给功能指令；M 为辅助功能指令；S 为主轴功能指令；T 为刀具功能指令。

这种格式的特点如下。

（1）程序段中的每个指令字均以字母（地址符）开始，其后再跟符号和数字。

（2）指令字在程序段中的顺序没有严格的规定，即可以任意顺序书写。

（3）不需要的指令字或者与上段相同的续效代码可以省略不写。

因此，这种格式具有程序简单、可读性强、易于检查等优点。

三、数控车床编程基本功能指令

在数控编程中，有的编程指令是不常用的，有的只适用于某些特殊的数控机床。这里只介绍一些 FANUC-0i 数控系统数控车床常用的编程指令，对于不常用的编程指令，请参考相应数控机床编程手册。

数控机床的基本功能包括准备功能（G 指令）、辅助功能（M 指令）、进给功能（F 指令）、刀具功能（T 指令）和主轴功能（S 指令）。

1. 准备功能指令（G 指令）

准备功能指令由字符 G 和其后的两位数字组成，从 G00～G99 共 100 种。其主要功能是指定机床的运动方式，为数控系统的插补运算作准备。G 指令分为模态指令和非模态指令。

G 指令讲解

模态指令在程序中一经应用，直到出现同组其他任一 G 指令时才失效，否则该指令持续有效。

非模态指令只在本程序段中有效。

G 指令的有关规定和含义见表 2-1。

表 2-1　G 指令的有关规定和含义

G 指令	组别	功能	G 指令	组别	功能
*G00	01	快速定位	G55	14	选择工件坐标系 2
G01		直线插补（切削进给）	G56		选择工件坐标系 3
G02		圆弧插补（顺时针）	G57		选择工件坐标系 4
G03		圆弧插补（逆时针）	G58		选择工件坐标系 5
G04	00	暂停指令	G59		选择工件坐标系 6
G20	06	英制输入	G70	00	精加工循环
G21		公制输入	G71		内外径粗车循环
G27	00	检查参考点返回	G72		台阶粗车循环
G28		返回参考点	G73		成形重复循环
G29		从参考点返回	G74		Z 向进给钻削
G30		回到第二参考点	G75		X 向切槽
G32	01	切螺纹	G76		螺纹切削循环
*G40	07	取消刀具半径补偿	G90	01	（内外直径）切削循环
G41		刀具半径左补偿	G92		螺纹切削循环
G42		刀具半径右补偿	G94		（台阶）切削循环
G50	00	主轴最高转速设置	G96	12	恒线速度控制
G52		设置局部坐标系	*G97		恒线速度控制取消
G53		选择机床坐标系	G98	05	指定每分钟移动量
*G54	14	选择工件坐标系 1	*G99		指定每转移动量

注：①有标记"＊"的指令为开机即被设定的指令。
　　②属于"00"组别的 G 代码为非模态指令。
　　③一个程序段中可使用若干个不同组别的 G 指令，若使用一个以上同组别的 G 指令，则最后仅
　　　一个指令代码有效。

项目二　FANUC-0i 系统阶梯轴编程与加工　43

2. 辅助功能指令（M 指令）

1）M 指令

辅助功能指令由字母 M 和其后的两位数字组成，主要用于完成加工操作时的辅助动作，如冷却泵的开、关，主轴的正转、反转，程序结束等。在同一程序段中，若有两个或两个以上辅助功能指令，则读取后面的指令。M 指令的说明见表 2-2。

M 指令讲解

表 2-2　M 指令的说明

M 指令	功能	M 指令	功能
M00	程序暂停	M12	尾顶尖伸出
M01	选择性暂停	M13	尾顶尖缩回
M02	程序结束	M21	门打开可执行程序
M03	主轴正转	M22	门打开无法执行程序
M04	主轴反转	M30	程序结束并返回程序开始
M05	主轴停止	M98	调用子程序
M08	切削液开	M99	子程序取消
M09	切削液关		

2）主要辅助功能简介

(1) M00：程序暂停。执行 M00 后，机床的所有动作均被切断，机床处于暂停状态，系统现场保护。按循环启动按钮，系统将继续执行后面的程序段。

(2) M01：选择性暂停。在机床的操作面板上有"任选停止"开关。当该开关处于 ON 位置时，程序中如遇到 M01 代码，其执行过程与 M00 相同；当该开关处于 OFF 位置时，数控系统对 M01 不予理睬。

(3) M02：程序结束。执行 M02 后，主程序结束，切断机床所有动作，并使程序复位。M02 也应单独作为一个程序段设定。

(4) M03：主轴正转。此代码启动主轴正转（顺时针，对着主轴端面观察）。

(5) M04：主轴反转。此代码启动主轴反转（逆时针，对着主轴端面观察）。

(6) M05：主轴停止。

(7) M08：切削液开。

(8) M09：切削液关。M00，M01 和 M02 也可以将切削液关掉。

(9) M30：程序结束并返回程序开始。指令结束后光标返回程序顶部。

3. F, S, T 指令

1）F 指令

F 指令用来指定进给速度，由字母 F 和其后面的数字组成。

在含有 G99 程序段后面，遇到 F 指令时，则认为 F 所指定的进给速度单位为 mm/r。系统开机状态为 G99，只有输入 G98 指令后，G99 才被取消。而 G98 为每分钟进给位移量，单位为 mm/min。

F、S、T 指令讲解

2）S 指令

S 指令用来指定主轴转速或速度，由字母 S 和其后的数字组成。

G96 是接通恒线速度控制的指令,当 G96 执行后,S 后面的数值为线速度。例如,G96 S100 表示线速度 100 m/min。

G97 是取消 G96 的指令。执行 G97 后,S 后面的数值表示主轴每分钟转数。例如,G97 S800 表示主轴转速为 800 r/min,系统开机状态为 G97 指令。

G50 除有坐标系设定功能外,还有主轴最高转速设置功能。例如,G50 S2000 表示主轴转速最高为 2 000 r/min。用恒线速度控制加工端面锥度和圆弧时,由于 X 坐标值不断变化,当刀具逐渐接近工件的旋转中心时,主轴转速会越来越高,工件有从卡盘飞出的危险。因此,为防止事故发生,有时必须限定主轴最高转速。

3) T 指令

T 指令用来控制数控系统进行选刀和换刀,由字母 T 和其后的数字来指定刀具号和刀具补偿号。

在 FANUC-0i 系统中,通常采用 T2+2 形式,例如 T0202 表示采用 2 号刀具和 2 号刀补。

4. 绝对编程与增量编程

在 X 轴和 Z 轴上确定移动量的指令方法有绝对指令和增量指令两种。

绝对指令是用各轴移动到终点的坐标值进行编程。用绝对指令编程的方法称为绝对编程法。绝对编程时,用 X, Z 表示 X 轴与 Z 轴的坐标值。

增量指令是用各轴的移动量直接编程。用增量指令编程的方法称为增量编程法,又称相对值编程。增量编程时,用 U, W 表示在 X 轴和 Z 轴上的移动量。

如图 2-3 所示,从 A 到 B 用增量指令时为 U40.0, W-60.0;用绝对指令时为 X70.0, Z40.0。绝对编程和增量编程可在同一程序中混合使用,这样可以免去编程时一些尺寸值的计算,如 X70.0, W-60.0。

图 2-3 绝对编程与增量编程

5. 直径编程与半径编程

编制轴类工件的加工程序时,因其截面为圆形,所以尺寸有直径指定和半径指定两种方法,采用哪种方法要由系统的参数决定。采用直径编程时,称为直径编程法;采用半径编程时,称为半径编程法。车床出厂时均设定为直径编程,所以在编程时与 X 轴有关的各项尺寸一定要用直径值编程;如果需用半径编程,则要改变系统中相关的几项参数,使系统处于半径编程状态。

任务实施

对于图 1-1 中内螺纹零件的车削选用 φ50 mm × 66 mm 的毛坯,对刀时一般需要手工车平零件的右端面和一小段外圆面,如图 2-4 所示。可按程序流程表 2-3 编制检验对刀结果的数控加工程序,表 2-3 中的步骤在实际工作中可当成编程模板套用。

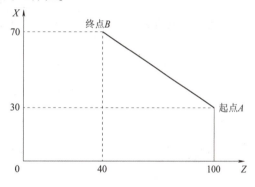

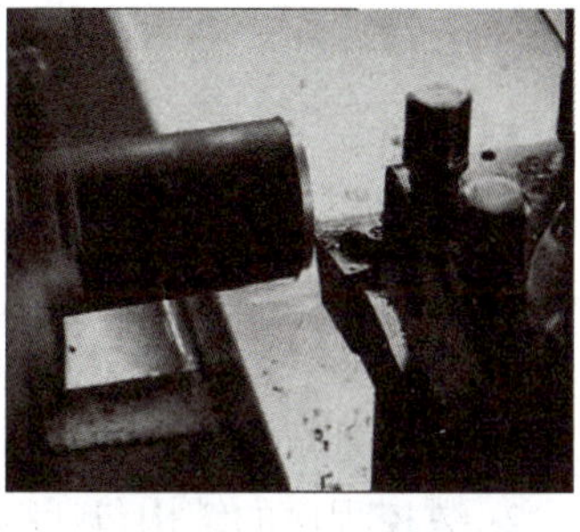

图 2-4 对刀时使用的零件

表2-3 程序流程表

程序	程序说明
O2101; N10 T0101;	给定程序号O2101，选用1号刀具，同时使用1号刀确定的工件坐标系
N20 M04 S600;	主轴以600 r/min的速度反转（前置刀架使用M03）
N30 G01 X0 Z5.0 F3;	快速运行到工件坐标零点右侧5 mm处
N40 M05;	主轴停转，便于观察运行结果
N50 G00 X100.0 Z100.0;	快速退刀
N60 M30;	程序结束

注：①除了程序号和程序结束段，其余部分称为程序内容。
②N30段，使用快速运行的G01程序段，配合车床操作面板中的进给倍率旋钮（刀具靠近工件时，进给倍率旋钮旋转到10%以下，或者在0和10%间点动），可以有效防止撞刀。

任务评价

对任务完成情况进行评价，并填写任务评价表2-4。

表2-4 任务评价表

序号	评价项目	评价项目	自评			师评		
			A	B	C	A	B	C
1	职业素养	工位保持清洁，物品整齐						
		着装规范整洁，佩戴安全帽						
		操作规范，爱护设备						
2	程序模板制作	程序号						
		选用刀具，确定工件坐标系						
		主轴旋转						
		直线进给至指定位置						
		退刀						
		程序结束						
		综合评定						

扩展任务

1. 什么是数控程序？
2. 数控程序的结构包括哪几个部分？
3. 试写车平右端面的数控程序。

任务 2 简单阶梯轴编程

教学目标

（1）掌握 G00，G01，G90 等指令的使用场合。
（2）掌握辅助功能指令 M00，M03～M05 的用法。
（3）掌握刀具指令 T，D 及速度指令 F，S 的用法。
（4）掌握加工台阶轴的仿真操作和机床操作。
（5）培养学生自学能力和接受新鲜事物的能力，培养学生精益求精的工匠精神。

任务描述

本任务要求运用数控车床加工如图 2-5 所示的阶梯轴零件，毛坯为 φ30 mm 棒料，材料为 45 钢，需要车削台阶轴并切断。

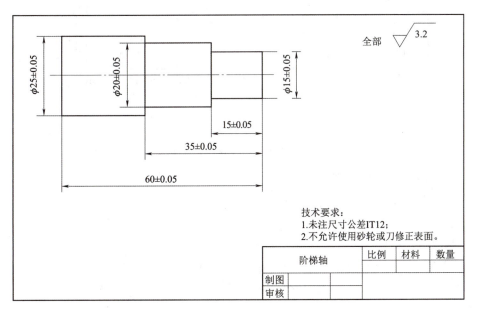

图 2-5 简单阶梯轴

任务目的

掌握数控程序编程的基本方法及常用基本功能指令，会编制简单台阶轴的数控加工程序。

项目二 FANUC-0i 系统阶梯轴编程与加工 47

> 知识链接

制定工艺是数控车削加工的前期工艺准备工作。工艺制定是否合理，对程序的编制、机床的加工效率和零件的加工精度有重要的影响。工艺制定的主要内容包括：分析零件图纸，确定工件在车床上的装夹方式、各表面的加工顺序、刀具的进给路线和切削用量等，通过对比分析，从中选择最佳方案。

1. 零件图工艺分析

对于数控车削加工，零件图工艺分析应考虑以下几方面。

1) 结构工艺性分析

零件的结构工艺性是指零件对加工方法的适应性，即所设计的零件结构应便于加工成形。在数控车床上加工零件，应根据数控车削的特点，审核零件结构的合理性。如图2-6（a）所示不同槽宽零件结构，需用三把不同宽度的切槽刀切槽，如无特殊需要，显然是不合理的。若改成图2-6（b）所示相同槽宽的零件结构，只需一把切槽刀即可切出三个切槽，这样可以减少刀具数量，减少刀架占位，并节省换刀时间。

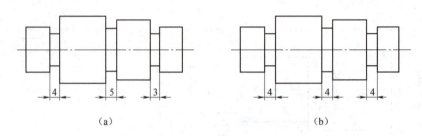

图2-6 零件结构
（a）不同槽宽；（b）相同槽宽

2) 几何尺寸方面

分析构成工件轮廓图形的各种几何元素的条件是否充足，图纸尺寸的标注方法是否方便编程等。

3) 精度方面分析

分析零件图样尺寸精度的要求，判断能否利用车削工艺达到，并确定控制尺寸精度的工艺方法。分析零件图样上给定的形状和位置公差，加工时，要按照其要求确定零件的定位基准和测量基准。

4) 材料、表面粗糙度方面

零件图样上给定的材料与热处理、表面粗糙度的要求，是合理选择数控车床、刀具及确定切削用量的依据。

2. 零件工序划分和装夹方式的确定

在数控车床上加工零件，应按工序集中的原则划分工序，在一次安装下尽量完成大部分甚至全部表面的加工。

1) 按零件加工表面划分

将位置精度要求高的表面安排在一次安装下完成加工，以免多次安装所产生的安装误差影响位置精度。

2）按粗、精加工划分

对毛坯余量大和加工精度要求高的零件，应将粗车和精车分开，划分两道或更多的工序。将粗车安排在精度较低、功率较大的数控车床上，将精车安排在精度较高的数控车床上。

根据零件的结构形状不同，通常选择外圆、端面或内孔装夹，并力求设计基准、工艺基准和编程原点的统一。

3. 零件数控车削加工方案的拟定

1）拟定工艺路线

（1）加工方法的选择。每一种表面都有多种加工方法，实际选择时应结合零件的加工精度、表面粗糙度、材料、结构形状、尺寸及生产类型等因素全面考虑。

（2）加工顺序的安排。零件的加工工序通常包括切削加工工序、热处理工序和辅助工序，合理安排好切削加工、热处理和辅助工序的顺序，并解决好工序间的衔接问题，可以提高零件的加工质量、生产效率，降低加工成本。

零件车削加工顺序一般遵循下列原则。

①先粗后精。按照粗车→半精车→精车的顺序进行加工，逐步提高零件的加工精度。粗车能在较短的时间内将工件表面上的大部分加工余量切掉。若粗车后所留余量的均匀性满足不了精加工的要求，则要安排半精车，如图2-7所示。精车时，刀具沿着零件的轮廓一次走刀完成，以保证零件的加工精度。

②先近后远。此原则是针对加工部位相对于换刀点的距离远近而言的。通常在粗加工时，离换刀点近的部位先加工，离换刀点远的部位后加工，如图2-8所示。

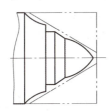

图2-7　先粗后精

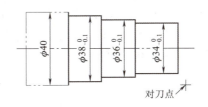

图2-8　先近后远

③刀具集中。用一把刀加工完相应各部位，再换另一把刀加工相应的其他部位，以减少空行程和换刀时间。

④基面先行。用作精基准的表面应优先加工出来。

2）确定走刀路线

走刀路线是指刀具从对刀点（或机床固定原点）开始运动，直至返回该点并结束加工程序所经过的路线，包括切削加工的路线及刀具引入、切出等非切削空行程路线。

（1）刀具引入、切出。尽量使刀具沿轮廓的切线方向引入、切出，以免因切削力突然变化而造成弹性变形，致使光滑连接轮廓上产生划伤、形状突变或滞留刀痕等缺陷。

（2）确定最短的空行程路线。

①巧用起刀点。

②巧设换（转）刀点。图2-9（a）将起刀点与对刀点重合在一起。第一刀为A→B→C→D→A；第二刀为A→E→F→G→A；第三刀为A→H→I→J→A。

图 2-9（b）将起刀点与对刀点分离。起刀点与对刀点分离的空行程为 A→B；第一刀为 B→C→D→E→B；第二刀为 B→F→G→H→B；第三刀为 B→I→J→K→B。

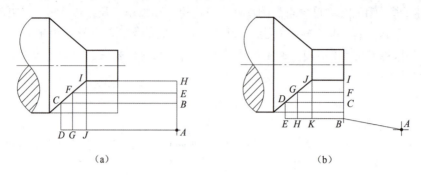

图 2-9 起刀点和换刀点
(a) 起刀点与对刀点重合；(b) 起刀点与对刀点分离

③合理安排回零（即返回对刀点）路线。当车削轮廓比较复杂的零件且用手工编程时，为使其计算过程尽量简化，既不出错，又便于校核，编程者有时会将每一把完成加工的刀具，通过执行回零指令返回对刀点位置，然后再执行后续程序，这样会增加进给路线的距离，从而降低生产效率。因此，在安排回零路线时，应尽量缩短前一刀终点与后一刀起点间的距离，或者使其为零，即可满足进给路线为最短的要求。另外，在选择回零指令时，在不发生加工干涉现象的前提下，宜尽量采用 X，Z 坐标轴双向同时回零指令，则该指令功能的回零路线将是最短的。

（3）确定最短的切削进给路线。图 2-10（a）为利用数控系统具有的矩形循环功能而安排的矩形循环进给路线。图 2-10（b）为利用数控系统具有的三角形循环功能安排的三角形循环进给路线。图 2-10（c）为利用数控系统具有的封闭式复合循环功能控制车刀沿工件轮廓等距线循环的进给路线。

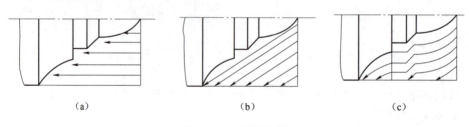

图 2-10 进给路线
(a) 矩形循环；(b) 三角形循环；(c) 等距线循环

矩形循环加工的程序段格式较简单，循环进给路线的进给长度总和最短。所以在制定加工方案时，建议采用矩形循环进给路线。

（4）大余量毛坯的阶梯切削路线。图 2-11 所示为车削大余量工件的两种加工路线，图 2-10（a）是错误的阶梯切削路线，图 2-11（b）按 1~5 的顺序切削，每次切削所留余量相等，是正确的阶梯切削路线。因为在同样背吃刀量的条件下，按图 2-10（a）所示的方式加工所剩余量过多。

根据数控车床加工的特点，可以放弃采用常用的阶梯车削法，改用依次从轴向和径向进刀，顺着工件毛坯轮廓安排进给路线。

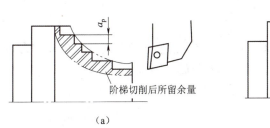 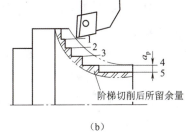

图 2-11 车削大余量工件

(a) 错误路线;(b) 正确路线

(5) 完工轮廓的连续切削进给路线。在安排可以一刀或多刀进行的精加工工序时,其零件的完工轮廓应由最后一刀连续加工而成。这时,加工刀具的进、退刀位置要考虑妥当,尽量不要在连续的轮廓中安排切入、切出、换刀及停顿,以免因切削力突然变化而造成弹性变形,使光滑连续轮廓上产生表面划伤、形状突变或滞留刀痕等缺陷。

(6) 特殊的进给路线。在数控车削加工中,一般情况下,Z 轴方向的进给运动都是沿着负方向进给的,但有时按这种方式安排进给路线并不合理,甚至可能车坏零件。例如,当采用尖头车刀加工大圆弧外表面时,有两种不同的进给路线,如图 2-12 所示,其结果大不相同。

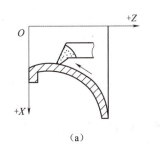 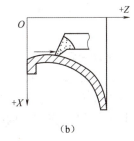

图 2-12 进给路线

(a) 沿 Z 轴负向;(b) 沿 Z 轴正向

对于图 2-12 (a) 所示的进给路线(沿 Z 轴负方向),因切削时尖头车刀的主偏角为 100°~105°,这时切削力在 X 向的分力 F_p 将沿着图 2-12 所示的 +X 向作用,当刀尖运动到圆弧的换象限处,即由 -Z、-X 向 -Z、+X 变换时,吃刀抗力 F_p 与传动横拖板的传动力方向相同,若丝杆螺母有传动间隙,就可能使刀尖嵌入零件表面(即"扎刀"),其嵌入量在理论上等于其机械传动间隙量 e。即使该间隙量很小,由于刀尖在 X 方向换向时,横向拖板进给过程的位移量变化也很小,加上处于动摩擦与静摩擦之间呈过渡状态的拖板惯性的影响,仍会导致横向拖板产生严重的爬行现象,从而大幅降低零件的表面质量。

对于图 2-12 (b) 所示的进给路线,因为尖刀运动到圆弧的换象限处,即由 +Z、-X 向 +Z、+X 向变换时,吃刀抗力 F_p 与丝杠传动横向拖板的传动力方向相反,不会受丝杆螺母传动间隙的影响而产生"扎刀"现象,因此,图 2-11 (b) 所示进给路线更为合理。

4. 车刀的类型和机床可转位车刀的选用

1) 车刀的种类

常用车刀按刀具材料可分为高速钢车刀和硬质合金车刀两类,其中硬质合金车刀按刀片固定形式,又分焊接式车刀和机械夹固式可转位车刀两种。

(1) 焊接式车刀的种类如图 2-13 所示。

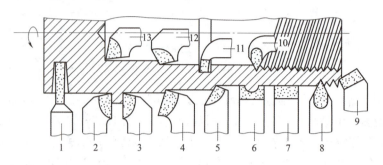

图 2-13 焊接式车刀的种类

1—切断刀;2—90°左偏刀;3—90°右偏刀;4—弯头车刀;5—直头车刀;6—成形车刀;
7—宽刃精车刀;8—外螺纹车刀;9—端面车刀;10—内螺纹车刀;11—内槽车刀;
12—通孔车刀;13—盲孔车刀

(2) 机械夹固式可转位车刀。机械夹固式可转位车刀包括 4 个组成部分,即刀杆、刀片、刀垫和夹紧元件。这种车刀不需焊接,刀片用机械夹固方法装夹在刀柄上。这是近几年来国内外发展和广泛应用的刀具之一,数控车床上经常使用这种刀具。在车削过程中,当一条切削刃磨钝后,不需要卸下来去刃磨,只需松开夹紧装置,将刀片转过一个角度安装,即可重新继续切削,从而减少了换刀时间、方便了对刀,且其刀柄利用率高,便于实现机械加工标准化。这种车刀可根据车削内容不同,选用不同形状和角度的刀片,组成外圆车刀、端面车刀、切断(槽)车刀、内孔车刀和螺纹车刀等,如图 2-14 所示。

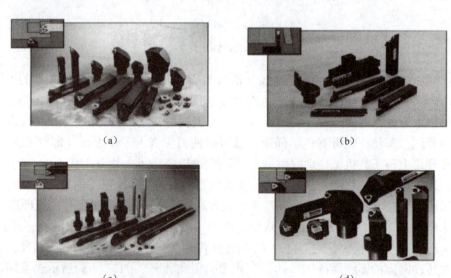

图 2-14 机械夹固式可转位车刀类型

(a) 外圆车刀;(b) 切断(槽)车刀;(c) 内孔车刀;(d) 螺纹车刀

①刀片的紧固方式。在国家标准中，一般紧固方式有上压式（代码为 C）、上压与销孔夹紧（代码 M）、销孔夹紧（代码 P）和螺钉夹紧（代码 S）4 种。各种夹紧方式是为不同的应用范围设计的。

②可转位车刀的选用。

a. 刀片材质的选择。可转位车刀应用最多的是硬质合金和涂层硬质合金刀片。选择刀片材质的主要依据是被加工工件的材料、被加工表面的精度、表面质量要求、切削载荷的大小以及切削过程有无冲击和振动等。

b. 刀片外形的选择。刀片外形与加工的对象、刀具的主偏角、刀尖角和有效刃数等有关。在选用时，应根据加工条件优劣，按重、中、轻切削有针对性地选择。在机床刚性、功率允许的条件下，大余量、粗加工应选用刀尖角较大的刀片；反之，机床刚性和功率小、小余量、精加工时宜选用刀尖角较小的刀片。常见可转位车刀刀片形式可根据加工内容和要求进行选择。

根据加工轮廓选择刀片形状如图 2-15 所示。一般外圆车削常用 80°凸三角形、四方形和 80°菱形刀片；仿形加工常用 55°，35°菱形和圆形刀片。

90°外圆车刀简称偏刀，按进给方向不同分为左偏刀和右偏刀两种，一般常用右偏刀。右偏刀由右向左进给，用来车削工件的外圆、端面和右台阶。它主偏角较大，车削外圆时作用于工件的径向力小，不易出现将工件顶弯的现象。一般用于半精加工。左偏刀由左向右进给，用于车削工件外圆和左台阶，也用于车削外径较大而长度短的零件。

图 2-15 根据加工轮廓选择刀片形状

c. 刀杆头部形式的选择。刀杆头部形式按主偏角和直头、弯头分有 15~18 种，各形式规定了相应的代码，国家标准和刀具样本中都已一一列出，可以根据实际情况选择。

d. 刀片后角的选择。常用的刀片后角有 N（0°），C（7°），P（11°），E（20°）等。一般粗加工、半精加工可用 N 型；半精加工、精加工可用 C，P 型。

e. 左右手刀柄的选择。左右手刀柄有 R（右手），L（左手），N（左右手）三种。选择时要考虑车床刀架是前置式还是后置式，主轴的旋转方向以及需要的进给方向等。

f. 刀尖圆弧半径的选择。刀尖圆弧半径不仅影响切削效率，而且影响被加工表面的粗糙度及加工精度。从刀尖圆弧半径与最大进给量关系来看，最大进给量不应超过刀尖圆弧半径尺寸 80%，否则将恶化切削条件。因此，从切削可靠出发，通常对于小余量、小进给车削加工宜采用较小的刀尖圆弧半径，反之宜采用较大的刀尖圆弧半径。

粗加工时应注意以下几点。

a. 为提高刀刃强度，应尽可能选择大刀尖半径的刀片，大刀尖半径可允许大进给。

b. 在有振动倾向时，选择较小的刀尖半径。

c. 常用刀尖半径为 1.2~1.6 mm。

d. 粗车时进给量不能超过表 2-5 给出的最大进给量。根据经验，一般进给量可取刀尖圆弧半径的一半。

表 2-5 不同刀尖半径时最大进给量

刀尖半径/mm	0.4	0.8	1.2	1.6	2.4
最大推荐进给量/(mm·r^{-1})	0.25~0.35	0.4~0.7	0.5~1.0	0.7~1.3	1.0~1.8

精加工时应注意以下几点。

a. 精加工的表面质量不仅受刀尖圆弧半径和进给量的影响，而且受工件装夹稳定性、夹具和机床的整体条件等因素的影响。

b. 在有振动倾向时，刀片选刀尖半径较小的。

c. 涂层刀片比非涂层刀片加工的表面质量高。

2) 常用车刀

数控车削用的车刀按车刀切削刃形状一般分为三类，即尖形车刀、圆弧形车刀和成形车刀。常用车刀的刀位点如图 2-16 所示。

(1) 尖形车刀。以直线形切削刃为特征的车刀一般称为尖形车刀，如 90°内、外圆车刀，左、右端面车刀，切槽（断）车刀及刀尖倒棱很小的各种外圆和内孔车刀。这类车刀加工时，零件的轮廓形状主要由直线形主切削刃位移后得到。

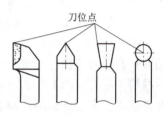

图 2-16 常用车刀的刀位点

(2) 圆弧形车刀。圆弧形车刀的特征是构成主切削刃的刀刃形状为圆度误差或线轮廓度误差很小的圆弧。该圆弧刃上每一点都是圆弧形车刀的刀尖，因此，刀位点不在圆弧上，而在该圆弧的圆心上，编程时要进行刀具半径补偿。

(3) 成形车刀。成形车刀俗称样板车刀，其加工零件的轮廓形状完全由车刀刀刃的形状和尺寸决定。数控车削加工中，常见的成形车刀有小半径圆弧车刀、非矩形车槽刀和螺纹车刀等。在数控加工中，应尽量少用或不用成形车刀，当确有必要选用时，应在工艺准备的文件或加工程序单上进行详细说明。

5. 选择切削用量

数控车削加工中的切削用量有背吃刀量、主轴转速或切削速度、进给速度或进给量。

1) 背吃刀量 a_p 的确定

在车床主体、夹具、刀具和零件系统刚性允许的条件下，应尽可能选择较大的背吃刀量，以减少走刀次数，提高生产效率。粗加工时，一次进给尽可能切除全部余量，在中等功率机床上，背吃刀量可达 8~10 mm。半精加工时，背吃刀量取 0.5~2 mm。精加工时，背吃刀量取 0.1~0.5 mm。

在工艺系统刚性不足或毛坯余量很大或余量不均匀时，粗加工要分几次进给，并且应当把第一、第二次进给的背吃刀量尽量取得大一些。切削零件表层有硬皮的铸、锻件或不锈钢等冷硬较严重的材料时，应使切削深度超过硬皮或冷硬层，以避免使切削刃在硬皮或冷硬层上切削。当冲击载荷较大（如断续切削）或工艺系统刚性较差时，应适当减小切削深度。

2) 主轴转速的确定

光车时，主轴转速的确定应根据零件上被加工部位的直径，零件和刀具的材料及加工性质等条件所允许的切削速度来确定。主轴转速可用下式计算

$$n = 1\,000 v_c / \pi d$$

式中，n 为主轴转速，r/min；v_c 为切削速度，m/min；d 为零件表面的直径，mm。

确定主轴转速时，先需要确定其切削速度，而切削速度又与背吃刀量和进给量有关。

(1) 进给量（f）。进给量（单位：mm/r）是指工件每转一周，车刀沿进给方向移动的距离，它与背吃刀量有着较密切的关系。粗车时一般取 0.3～0.8 mm/r，精车时常取 0.1～0.3 mm/r，切断时宜取 0.05～0.2 mm/r，不同刀尖半径时最大进给量见表 2-5。

(2) 切削速度（v_c）。切削速度又称线速度，是指车刀切削刃上某一点相对于待加工表面在主运动方向上的瞬时速度。

确定加工时的切削速度除了参考表 2-6 外，主要根据实践经验确定。

表 2-6　常用切削用量推荐表

零件材料	刀具材料	a_p/mm			
		0.38～0.13	2.4～0.38	4.7～2.4	9.5～4.7
		$f/(\text{mm}\cdot\text{r}^{-1})$			
		0.13～0.05	0.38～0.13	0.76～0.38	1.3～0.76
		$v_c/(\text{mm}\cdot\text{min}^{-1})$			
低碳钢	高速钢	—	70～90	45～60	20～40
	硬质合金	215～365	165～215	120～165	90～120
中碳钢	高速钢	—	45～60	30～40	15～20
	硬质合金	130～165	100～130	75～100	55～75
灰铸铁	高速钢	—	35～45	25～35	20～25
	硬质合金	135～185	105～135	75～105	60～75
黄铜青铜	高速钢	—	85～105	70～85	45～70
	硬质合金	215～245	185～215	150～185	120～150
铝合金	高速钢	105～150	70～105	45～70	30～45
	硬质合金	215～300	135～215	90～135	60～90

3）进给速度 v_f 的确定

进给速度（单位：mm/min）是指在单位时间里，刀具沿进给方向移动的距离，是数控机床切削用量中的重要参数，可根据零件的加工精度和表面粗糙度要求以及刀具、工件的材料性质，参考切削用量手册选取。最大进给速度受机床刚度和进给系统的性能限制。进给速度的大小直接影响表面粗糙度和车削效率，因此进给速度的确定应在保证零件表面质量的前提下，查阅切削用量手册，选取较高的进给速度。切削用量手册给出的是每转进给量，因此要根据 $v_f = f \times n$ 计算进给速度。

确定进给速度的原则如下。

(1) 质量保证时可选高进给速度（2 000 mm/min 以下）。

(2) 空行程选高进给速度，特别是远距离回零时。

(3) 切断、深孔、精车选低进给速度。

（4）进给速度应与主轴转速、切削深度相适应。

在工厂的实际生产过程中，切削用量一般根据经验并通过查表的方式进行选择。常用硬质合金或涂层硬质合金车刀切削不同材料时的切削用量推荐值见表 2–6。

6. 零件的装夹

车削加工前，必须将零件放在机床夹具中进行定位和夹紧，使零件在整个切削过程中始终保持正确的位置。装夹轴类零件根据其形状、大小、精度、数量的不同，可采用不同的装夹方法。

用于装夹零件的三爪自定心卡盘如图 2–17 所示。其三个卡爪是同步运动的，能自动定心，装夹一般不需要找正，故装夹零件方便、省时，但夹紧力较小，常用于装夹外形规则的中、小型零件。三爪自定心卡盘有正爪、反爪两种形式，反爪用于装夹直径较大的零件。

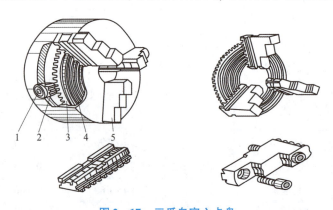

图 2–17　三爪自定心卡盘

1—螺栓；2—小锥齿轮；3—大锥齿轮；4—平面螺纹；5—卡爪

7. 编程指令

1）快速定位（G00）

如图 2–18 所示，快速定位指令命令刀具以点位控制方式从刀具所在点快速移动到目标位置，该指令用于刀具进行加工以前的空行程移动或加工完成的快速退刀，不能用于切削加工。G00 指令使刀具快速运动到指定点，无运动轨迹要求，不需特别规定进给速度。

G00 指令讲解

指令格式：

G00 X(U)_ Z(W)_ ；

说明如下。

（1）绝对编程时，用 X_ Z_ 表示终点坐标相对工件原点的坐标值，轴向移动方向由 Z 坐标值确定，径向进退刀时在不过轴线的情况下都为正值。如两轴同时移动，快速定位指令为 G00 X70.0 Z20.0，单轴移动快速定位指令为 G00 X70.0 或 G00 Z–20.0。

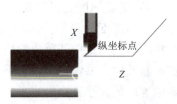

图 2–18　G00 快速定位

G00 指令一般作为空行程，其后不需要给定进给速度，进给速度由机床参数和机床面板上的倍率开关设定。

（2）增量编程时，用 U_ W_ 表示刀具从当前所在点到终点的距离和方向。其中，U 表示直径方向移动量，即大、小直径量之差，W 表示移动长度，U，W 移动方向都由正、负号确定。计算 U，W 移动距离的起点坐标值是执行前一程序段移动指令的终点值，也可在同一移动指令里采用混合编程。如 G00 U10.0 W20.0，G00 U-10.0 Z20.0 或 G00 X-10.0 W20.0。

例 2-1 图 2-19 所示为 G00 快速进刀指令示意。

程序：G00 X50.0 Z6.0；或 G00 U-70.0 W-84.0；

注意：在执行上述程序段时，刀具实际运动路线不是一条直线，而是一条折线。因此，在使用 G00 指令时，要注意刀具是否与工件和夹具发生干涉，对不适合联动的场合，两轴可分别运动。

2）直线插补指令（G01）

直线插补指令用于直线或斜线运动。可使数控车床沿 X 轴、Z 轴向执行单轴运动，也可以沿 XZ 平面内任意斜率的直线运动。

指令格式：

G01 X(U)_Z(W)_F_；

其中，X（U）和 Z（W）指定的是本指令段刀具到达的终点的坐标值。其中也含有绝对编程、增量编程和混合编程三种方法。

F 指令指定的是刀具进给速度。G01 指令中必须含有 F 指令。

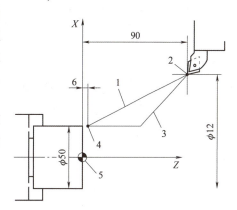

图 2-19 G00 快速进刀指令示意

1—快速进给指令；2—刀具当前位置；
3—实际刀具路径；4—指令终点位置；
5—程序原点

G01 的应用如图 2-20 所示。当刀具沿 Z 轴单轴移动时可以加工外圆；当刀具沿 X 单轴移动时可加工端面、台阶或切直槽。

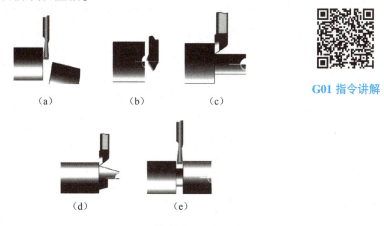

G01 指令讲解

图 2-20 G01 的应用

(a) 切断；(b) 车端面；(c) 车台阶；(d) 车圆锥面；(e) 切槽

（1）当应用 G01 使刀具沿 Z 轴单轴移动时可以加工外圆柱。

例 2-2 如图 2-21 所示为 G01 指令切外圆柱面。

程序：G01 W-80.0 F0.3；或 G01 Z-80.0 F0.3；

（2）当应用 G01 使刀具沿 X 和 Z 两个轴同时移动时可加工圆锥面或倒角。

例 2-3 如图 2-22 所示为 G01 指令切外圆锥。

项目二 FANUC-0i 系统阶梯轴编程与加工

程序：G01 X80.0 Z-80.0 F0.3;

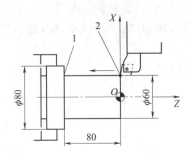

图 2-21 G01 指令切外圆柱面

1—指令终点；2—刀具当前位置

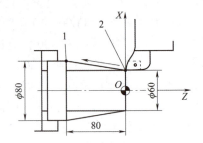

图 2-22 G01 指令切外圆锥

1—指令终点；2—刀具当前位置

模态代码的功能在它被执行后会继续维持；非模态代码仅仅在收到该命令时起作用。G00 和 G01 都是模态代码。连续执行 G01 时，后面程序段可省略写 G01，例如：

　G01　X36.0 Z-20.0;
　(G01)　X40.0 Z-20.0;

3）自动回参考点（G28）

指令格式：

　G28 X(U)_Z(W)_;

G90 指令讲解

说明如下。

（1）G28 指令首先使所有的编程轴都快速定位中间点，然后再从中间点返回参考点。

（2）使用 X，Z 为绝对编程，中间点是在工件坐标系中的坐标。

（3）使用 U，W 为增量编程，中间点是相对于起点的位移量。

（4）T00（2 位）或 T0000（4 位）指令必须写在 G28 指令的同一程序段或该程序段之前，即回原点之前取消刀补。

4）外圆切削单一形状固定循环指令（G90）

适用于零件的内、外圆柱面（圆锥面）上毛坯余量较大或直接从棒料车削零件时进行精车前的粗车，G90 指令运动轨迹如图 2-23 所示。

（1）用 G90 指令切削圆柱面。

指令格式：

　G00 X(U)_Z(W)_;(循环起点)
　G90 X(U)_Z(W)_(F_);

其中，X，Z（U，W）为外径切削终点坐标。

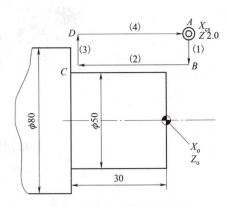

图 2-23 G90 固定循环指令

由图 2-23 可知，G90 指令实际上是 G00、G01 指令的综合应用。尽管 G00 和 G01 指令是数控加工编程中的最基本指令，但是在加工轴类零件时，如果用 G00 和 G01 指令编程，会使程序太过烦琐，特别是当毛坯余量较大时，会使加工程序段很长，如果使用 G90 指令，会大幅减少数控加工程序段的数量。

例 2-4 如图 2-23 所示，G90 指令切外圆柱面。

程序：G90 X50.0 Z-30.0 F0.2;

这一个程序段相当于下面4个程序段的功能。

G00　X50.0；
G01　Z-30.0 F0.2；
G00　X85.0；
G00　Z2.0；

（2）圆柱面切削循环举例。

例2-5　如图2-24所示，坐标原点在工件的左端面，分三次用G90指令循环加工，循环起点设在离右端面2 mm，X向大于毛坯2 mm处。毛坯直径为φ50 mm，切削长度为35 mm，每次进刀量为10 mm。程序见表2-7。

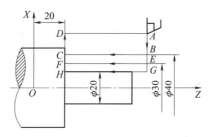

图2-24　圆柱面切削循环举例

表2-7　例2-5程序

程序	程序说明
O2201；	程序号
N010 T0101；	1号外圆刀具
N020 S800 M04；	主轴反转，转速800 r/min，X，Z轴快速定位
N030 M08；	切削液开
N040 G00 X52.0 Z57.0；	刀快进循环起点A
N050 G90 X40.0 Z20.0 F0.2；	A→B→C→D→A
N060 X30.0；	A→E→F→D→A
N070 X20.0；	A→G→H→D→A
N080 M05 M09；	主轴停，切削液关
N090 M30；	程序结束

任务实施

一、工艺分析与工艺设计

1. 图样分析

图2-5所示零件由阶梯状的圆柱面组成，零件的尺寸精度要求一般。从右至左，零件的外径尺寸依次增大。

2. 分析加工方案

用三爪自定心卡盘夹紧工件。采用90°外圆车刀分层切削的方法进行加工。以工件右端面的中心点为编程原点，基点值为绝对尺寸编程值。根据零件表面对粗糙度要求，粗加工后留有0.5的加工余量。

3. 加工工艺路线设计

①车端面。②粗车φ25 mm、φ20 mm、φ15 mm外圆，留余量直径0.5 mm。③从右至左精加工各面。④切断。

4. 选择机床设备

运用数控车床完成该零件的加工。

5. 刀具选择

90°外圆车刀 T0101：用于车端面和粗、精车外圆；3 mm 宽切断刀 T0202：用于切断。

6. 确定切削用量

确定加工方案和刀具后，选择合适的刀具切削参数见表 2-8。

表 2-8 阶梯轴切削参数表

刀具号	刀具参数	背吃刀量/mm	主轴转速/(r·min^{-1})	进给率/(mm·r^{-1})
T0101	90°外圆车刀	3	600	粗车 0.2 精车 0.1
T0202	3 mm 宽切断刀	—	400	0.05

二、确定工件坐标系和对刀点

以工件右端面圆心为工件原点，建立工件坐标系，采用手动对刀方法把右端面圆心点作为对刀点，如图 2-25 所示。

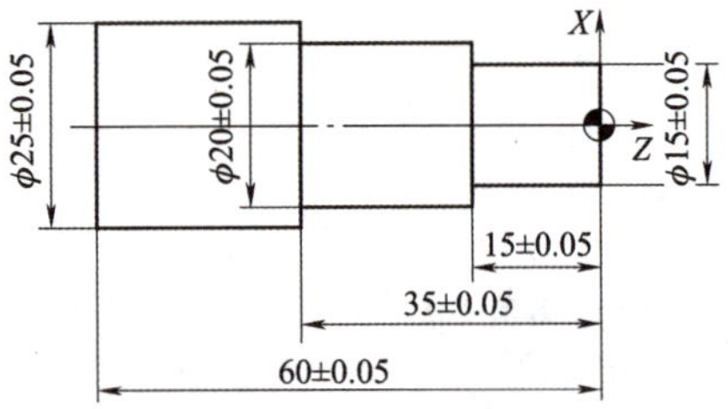

三、程序编制

程序如表 2-9 所示。

图 2-25 工件坐标系

表 2-9 阶梯轴参考程序

程序	程序说明
O1101；	程序号
N10 M04 S600 T0101；	主轴反转，转速 600，换 1 号刀
N20 G00 X35.0 Z0；	快速到达 φ25 右端
N30 G01 X-1.0 F0.1；	车端面
N40 G00 X35.0 Z2.0；	快速到循环起点
N50 G90 X25.5 Z-63.0 F0.2；	粗车 φ25 外圆
N60 X20.5 Z-34.5；	粗车 φ20 外圆
N70 X15.5 Z-14.5；	粗车 φ15 外圆
N80 G00 X15.0 Z2.0 S800；	离开工件
N90 G01 Z-15.0 F0.1；	精车 φ15 外圆
N100 X20.0；	车台阶面
N110 Z-35.0；	精车 φ20 外圆
N120 X25.0；	车台阶面
N130 Z-63.0；	精车 φ25 外圆
N140 G00 X50.0；	
N150 Z50.0；	
N160 T0202；	换 2 号切断刀
N170 G00 X32.0 Z-63.0；	
N180 G01 X-1.0 F0.05；	切断
N190 G00 X50.0 Z50.0；	快速退刀到安全点
N200 M05；	主轴停止
N210 M30；	程序结束

粗加工编程视频

编制精加工程序视频

编制切断程序视频

四、仿真操作

按照表2-10仿真加工台阶轴操作步骤在仿真系统完成回零操作,并填写表中坐标变化值。

表2-10 仿真加工台阶轴操作步骤

操作步骤	操作说明	示意图
1. 对刀 切断刀选择刀具 仿真选择并安装切断刀 切断刀 X 对刀 仿真切断刀 X 方向对刀 切断刀 Z 对刀 仿真切断刀 Z 方向对刀	(1) 打开宇龙数控仿真加工软件、选择机床。(步骤同项目一任务1仿真操作) (2) 机床回零点。(步骤同项目一任务2仿真操作) (3) 选择毛坯、材料、夹具、安装工件。 (4) 安装刀具。 (5) 建立工件坐标系。(步骤同项目一任务3仿真操作) (6) 切断刀对刀	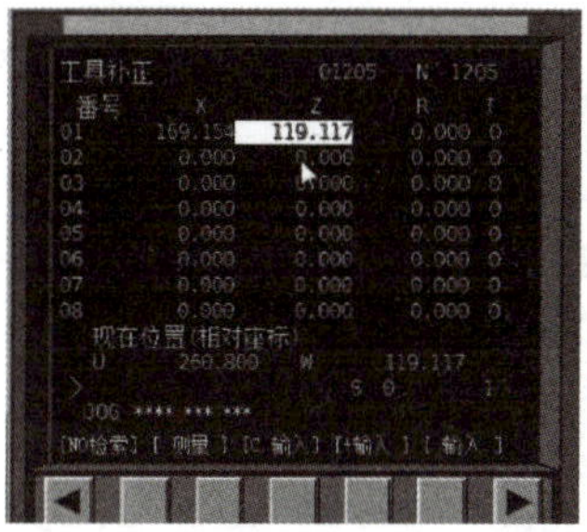
2. 上传程序 仿真上传程序视频	1. 选择"编辑"命令,单击按钮,单击"操作"按钮,单击,单击 READ 对应的按钮,输入程序名 O1101,单击 EXEC 对应的按钮。 2. 单击 DNC 按钮传送,找到程序保存的位置后打开,程序传到系统中	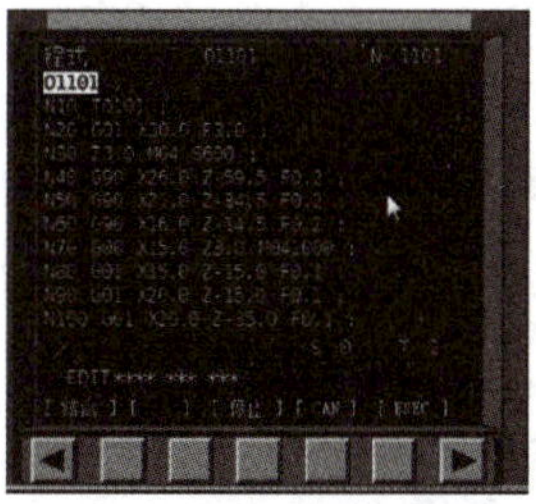
3. 模拟轨迹 仿真模拟轨迹视频	1. 选择"自动运行"命令,单击按钮,看前视图 XZ 平面。 2. 单击启动循环按钮	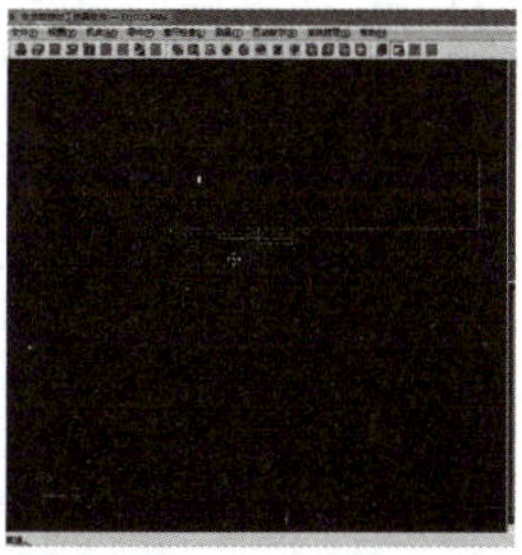

项目二 FANUC-0i 系统阶梯轴编程与加工 61

续表

操作步骤	操作说明	示意图
4. 自动加工 仿真自动加工视频	单击 按钮，单击 PROG 按钮，单击  按钮	
5. 测量 仿真测量视频	在工具栏中选择"测量"命令，单击"剖面图测量"按钮	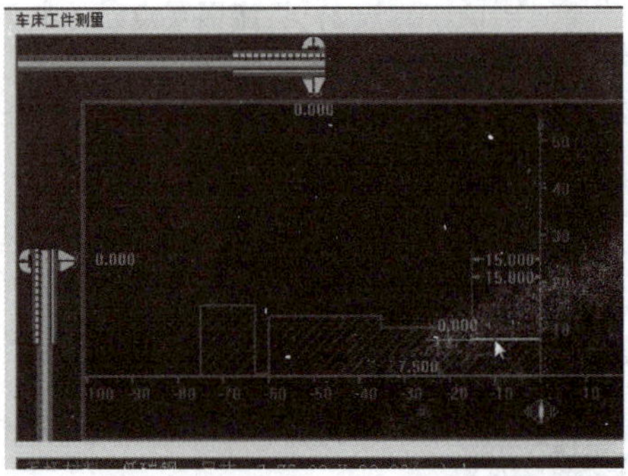

五、台阶轴机床加工

按照表 2-11 台阶轴操作步骤完成数控车床台阶轴零件加工。

表 2-11 台阶轴加工操作步骤

操作步骤	操作说明	示意图
1. 对刀 机床切断刀对刀	步骤见项目一任务 3 中表 1-14	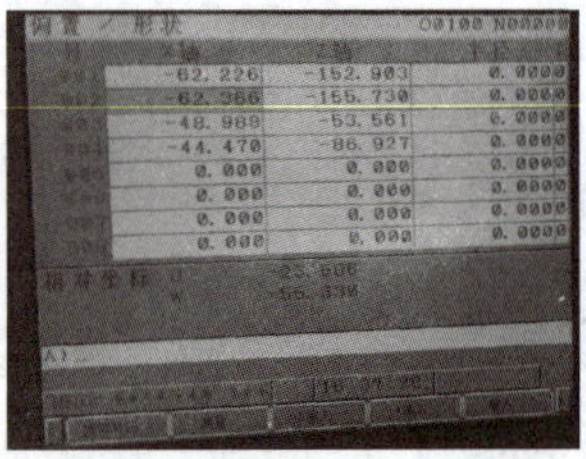

62 ■ 数控车削编程与加工技术

续表

操作步骤	操作说明	示意图
2. 输入程序 机床输入 程序视频	按编辑方式按钮，按程序按钮，使用键盘输入程序 	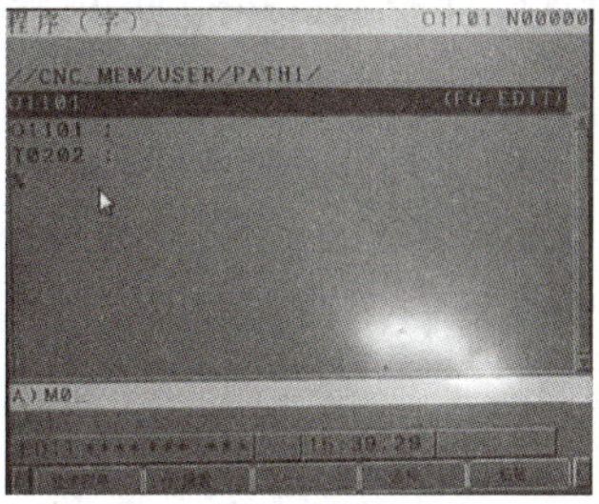
3. 图形检验 机床图形 检验视频	使机床操作面板上的机床锁开关接通，自动运行加工程序时，机床刀架并不移动，只是在 CRT 上显示各轴的移动位置。该功能可用于加工程序的检查	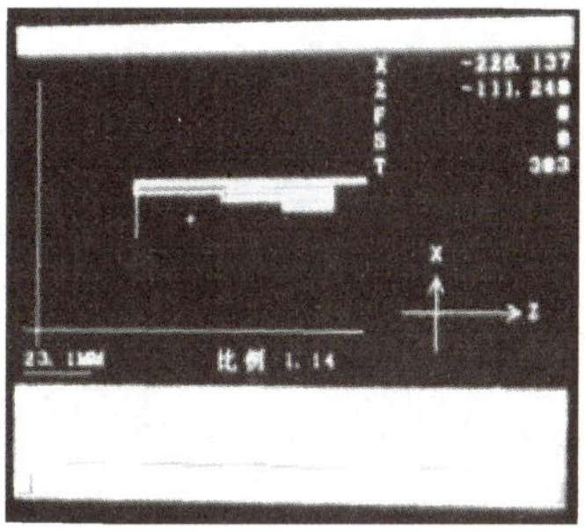
4. 台阶轴 加工 机床阶梯轴 加工视频	按循环启动按钮，即开始自动运转，循环启动灯亮	
5. 测量	填写测量结果	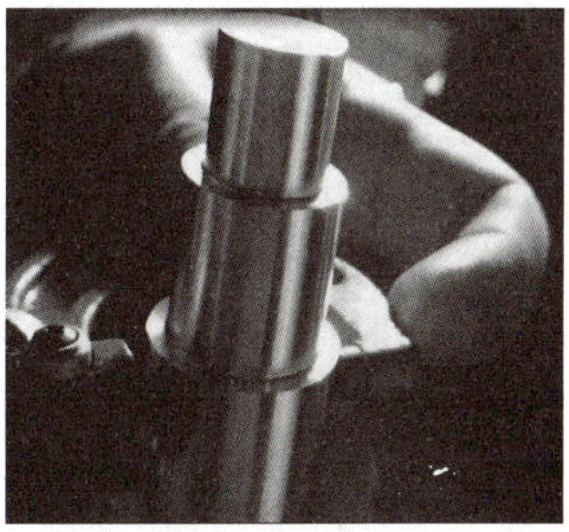

项目二　FANUC-0i 系统阶梯轴编程与加工　　63

任务评价

对任务完成情况进行评价，并填写任务评价表 2-12。

表 2-12 任务评价表

序号	评价项目		自评			师评		
			A	B	C	A	B	C
1	程序模板制作	程序号						
		选用刀具，确定工件坐标系						
		主轴旋转，切削液开						
		编制粗加工程序段						
		编制精加工程序段						
		退刀，切削液关						
		程序结束						
2	机床加工	选择机床						
		机床回零点						
		毛坯安装						
		刀具安装						
		对刀						
		上传 NC 程序						
		零件测量						
	综合评定							

扩展任务

编写如图 2-26 的数控加工程序。

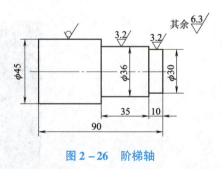

图 2-26 阶梯轴

任务3　带倒角阶梯轴编程与加工

教学目标

(1) 掌握 G71，G70 等指令格式及使用场合。
(2) 掌握半径补偿指令 G41，G42，G40 的格式及用法。
(3) 掌握锥面的加工和测量方法。
(4) 培养学生的自学能力和接受新鲜事物的能力。
(5) 培养学生精益求精的工匠精神。

任务描述

图 2-27 所示为阶梯轴零件图，材料为 45 钢，加工倒角槽之前需要加工出阶梯轴 $\phi36$ mm，$\phi44$ mm 外径，长度 40 mm。

图 2-27　阶梯轴零件图

任务目的

掌握半径补偿方法和粗车循环加工指令 G71、精加工循环指令 G70 的应用。会编制阶梯轴的粗、精加工程序。

知识链接

半径补偿讲解视频

一、车刀的刀具半径补偿

车削数控编程和对刀操作是以理想尖锐的车刀刀尖为基准进行的。为了增加刀具使用寿命和降低加工表面的粗糙度，实际加工中的车刀刀尖不是理想尖锐的，而总是有一个半径不大的圆弧，因此可能会产生加工误差。在进行数控车削的编程和加工过程中，必须对车刀刀尖圆角产生的误差进行补偿，才能加工出高精度的零件。

1. 车刀刀尖圆角引起加工误差的原因

在实际加工过程中所用车刀的刀尖都呈一个半径不大的圆弧形状，如图 2-28 所示，而在数控车削编程过程中，为了编程方便，常把刀尖看作一个尖点，即假想刀尖（图 2-28 中

项目二　FANUC-0i 系统阶梯轴编程与加工　65

的点3)。在对刀时一般以车刀的假想刀尖作为刀位点,所以在车削零件时,如果不采取补偿措施,将使车刀的假想刀尖沿程序编制的轨迹运动,而实际切削的是刀尖圆角的切削点。由于假想刀尖的运动轨迹和刀尖圆角切削点的运动轨迹不一致,使得加工时可能会产生误差。

用带刀尖圆角的车刀车削端面、外径、内径等与轴线平行的表面时,不会产生误差,但在车削倒角、锥面及圆弧时,会产生少切或过切现象,如图2-29所示。

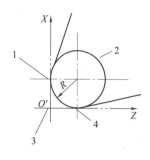

图2-28 假想刀尖与刀尖圆角
1—断面切削点;2—刀具;3—假想刀尖;
4—外径切削点

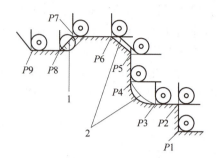

图2-29 刀尖圆角造成的少切与过切
1—过切;2—少切

2. 消除车刀刀尖圆角所引起加工误差的方法

消除车刀刀尖圆角所引起加工误差的前提条件是确定刀尖圆角半径。由于数控车削中一般都使用可转位刀片,每种刀具的刀尖圆角半径是一定的,所以一旦选定刀片的型号,刀尖圆角半径即可确定。

当机床具备刀具半径补偿功能G41,G42时,可运用刀具半径补偿功能消除加工误差。

(1) 为了补偿车刀刀尖圆角半径,需要使用以下指令。

G40:取消刀具半径补偿。按程序路径进给。

G41:左偏刀具半径补偿。按程序路径前进方向,刀具偏在零件左侧进给。

G42:右偏刀具半径补偿。按程序路径前进方向,刀具偏在零件右侧进给。

(2) 确定假想刀尖方位。车刀假想刀尖相对刀尖圆角中心的方位和刀具移动方向有关,它直接影响刀尖圆角半径补偿的计算结果。图2-30是车刀假想刀尖方位及代码,可以看出假想刀尖A的方位有8种,分别用1~8八个数字代码表示,同时规定,假想刀尖取圆角中心位置时,代码为0或9,可以理解为没有半径补偿。

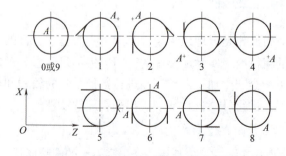

图2-30 车刀假想刀尖方位及代码

3. 车刀刀具补偿值的确定和输入

车刀刀具补偿包括刀具位置补偿和刀尖圆角半径补偿两部分，刀具代码 T 中的补偿号对应存储单元中（即刀具补偿表中）存放的一组数据：X 轴、Z 轴的位置补偿值，刀尖圆角半径值和假想刀尖方位（0~9）。操作时按以下步骤进行。

（1）确定车刀 X 轴和 Z 轴的位置补偿值。如果数控车床配置了标准刀架和对刀仪，在编程时可按照刀架中心编程，即将刀架中心设置在起始点，将从该点到假想刀尖的距离设置为位置补偿值，该位置补偿值可用对刀进行测量。如果数控车床配置的是生产厂商所特供的特殊刀架，则刀具位置补偿值与刀杆在刀架上的安装位置有关，无法使用对刀仪，因此，必须采用分别试切工件外圆和端面的方法来确定刀具位置补偿值。

（2）确定刀尖圆角半径。根据所选用刀片的型号查出其刀尖圆角半径。

（3）根据车刀的安装方位，对照图 2-30 所示的规定，确定假想刀尖方位代码。

（4）将每把刀的上述 4 个数据分别输入车床刀具补偿表，注意和刀具补偿号对应，通过上述操作，数控车床加工即可实现刀具自动补偿。

注意：

（1）G41，G42 和 G40 指令不能与圆弧切削指令写在同一个程序段内，但可与 G01，G00 指令写在同一程序段内，只有通过刀具的直线运动才能建立和取消刀尖圆弧半径补偿。

（2）在调用新刀具前或要更改刀具补偿方向时，必须取消前一个刀具补偿，避免产生加工误差。

（3）在 G41 或 G42 程序段后面加 G40 程序段，便可以取消刀尖半径补偿，其格式如下。

```
G41(或 G42)…;
…
G40…;
```

程序最后必须以取消偏置状态结束，否则刀具不能在终点定位，而是停在与终点位置偏移一个矢量的位置上。

（4）G41，G42 和 G40 是模态代码。

（5）在 G41 方式中，不要再指定 G42 方式，否则补偿会出错；同样，在 G42 方式中，不要再指定 G41 方式。当补偿取负值时，G41 和 G42 互相转化。

（6）在使用 G41 和 G42 之后的程序段中，不能出现连续两个或两个以上的不移动指令，否则 G41 和 G42 会失效。

4. 车刀刀具补偿编程举例

如图 2-31 所示，运用刀具半径补偿指令编程。

程序如下。

```
G00 X20.0  Z2.0           快进至 A0 点
G42 G01 X20.0  Z0         刀尖圆弧半径右补偿,A0→A1
Z-20.0                    A1→A2
X40.0 Z-40.0              A2→A3→A4
G40 G01 X50.0  Z-40.0     退刀并取消刀尖圆弧半径,补偿 A4→A5
```

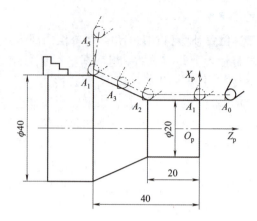

图 2-31 刀具补偿编程举例

G71 指令讲解视频

二、外圆粗车循环（G71）

使用 G90 已使程序得到简化，但还有一类复合形固定循环，能使程序进一步得到简化。只要编出最终加工路线，给出每次切除的余量深度或循环次数，利用复合型固定循环，机床即可自动重复切削直到工件加工完为止。

当给出图 2-32 所示加工形状的路线 $A \to A' \to B$ 及背吃刀量，机床就会进行平行于 Z 轴的多次切削，最后再按留有精加工切削余量 Δw 和 $\Delta u/2$ 之后的精加工形状进行加工。

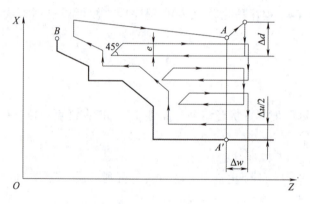

图 2-32 外圆粗切削循环

指令格式：

G71　U(Δd) R(e);
G71　P(ns) Q(nf) U(Δu) W(Δw) F(f) S(s) T(t);

说明如下。

Δd 为背吃刀量；e 为退刀量；ns 为精加工形状程序段中的开始程序段号；nf 为精加工形状程序段中的结束程序段号；Δu 为 X 轴方向精加工余量；Δw 为 Z 轴方向的精加工余量；f，s，t 为 F，S，T 代码。

注意：

(1) 在使用 G71 进行粗加工循环时，只有含在 G71 程序段的 F，S，T 功能才有效。

而包含在 ns 至 nf 程序段中的 F, S, T 功能, 即使被指定, 对粗车循环也无效。

(2) A→B 之间必须符合 X 轴、Z 轴方向的共同单调增大或减少的模式。

(3) ns 至 nf 程序段中可以进行刀具补偿。因此在 G71 指令前必须用 G40 取消原有的刀尖半径补偿。在 ns~nf 程序段中可以含有 G41 或 G42 指令, 对精车轨迹进行刀尖半径补偿。

(4) G71 程序段本身不进行精加工, 粗加工是按后续程序段 ns~nf 给定的精加工编程轨迹 A→A′→B→A, 沿平行于 Z 轴方向进行。

(5) 循环中的第一个程序段 (即 ns 段) 必须包含 G00 或 G01 指令, 即 A→A′ 的动作必须是直线或点定位运动, 但不能有 Z 轴方向上的移动。

三、精加工循环 (G70)

由 G71 完成粗加工后, 可以用 G70 进行精加工。

指令格式:

G70　P(ns)　Q(nf);

其中, ns 和 nf 与前述含义相同。

在这里 G71 程序段中的 F, S, T 的指令都无效, 只有在 ns 至 nf 程序段中的 F, S, T 才有效, 在粗车程序段之后再加上 G70 P (ns) Q (nf), 就可以完成从粗加工到精加工的全过程。

注意:

(1) 当 G70 循环加工结束时, 刀具返回起点并读下一个程序段。

(2) G70 到 G71 中 ns 至 nf 程序段不能调用子程序。

四、锥度的测量

1. 用角度样板测量锥度

在成批和大量生产时, 锥度可用专用的角度样板来测量。用角度样板测量零件角度的方法如图 2-33 所示。

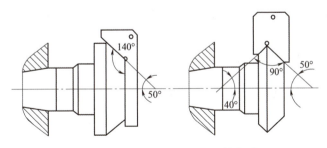

图 2-33　用角度样板测量零件角度

2. 用圆锥量规测量

当零件是标准圆锥时, 可用圆锥量规 (见图 2-34) 来测量。圆锥量规分为圆锥塞规和圆锥套规两种。用圆锥量规测量零件如图 2-35 所示。

用圆锥塞规检验内圆锥时, 先用显示剂在塞规表面顺着圆锥素线均匀涂上 3 条线 (相

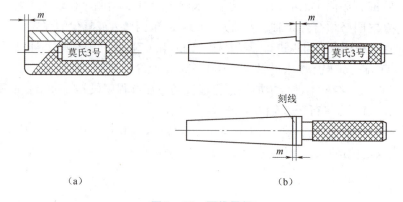

图 2-34 圆锥量规

(a) 套规；(b) 塞规

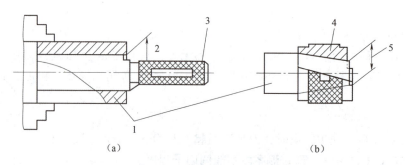

图 2-35 用圆锥量规测量零件

(a) 圆锥塞规；(b) 圆锥套规

1—工件；2—大端直径正确；3—圆锥塞规；4—圆锥套规；5—小端直径正确

互间隔120°），然后将塞规放入内圆锥中转动1/4周，观察显示剂的擦去情况。如果显示剂擦去均匀，说明圆锥接触良好，锥度正确；如果大端擦去，小端没擦去，说明圆锥角小了，反之说明圆锥角大了。

用圆锥套规检验外圆锥时，将显示剂涂在零件上，检验方法和圆锥塞规检验内圆锥的方法相类似。

圆锥的大小端直径尺寸也可用圆锥量规来测量。大小端除了有一个精确的圆锥表面外，端面上还分别具有一个台阶（刻线）。阶台长度 m（或刻线之间的距离）就是圆锥大小端直径的公差范围。检验时，零件的端面位于圆锥量规台阶之间才算合格。

3. 用游标万能角度尺测量

这种方法测量精度不高，只适用于单件、小批量生产。游标万能角度尺结构如图 2-36 所示。测量时，转动游标万能角度尺背面的捏手8，使基尺5改变角度，当转到所需角度时，用制动螺钉锁紧。

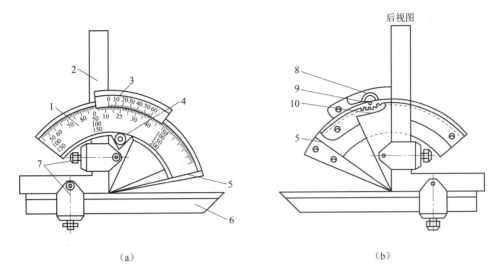

图 2-36 游标万能角度尺结构
1—主尺；2—角尺；3—游标；4—制动螺钉；5—基尺；6—直尺；
7—卡块；8—捏手；9—小齿轮；10—扇形齿轮

任务实施

一、工艺设计

1. 确定工艺方案

采用三爪自定心卡盘夹持外圆装夹完成粗、精加工。

2. 加工工序

（1）粗车端面和 $\phi36$ mm，$\phi44$ mm 外圆，留 0.5 mm 精车余量。
（2）精车长度 38 mm 处的各部分至图纸尺寸。

3. 选用刀具

零件的粗、精加工均用 90°外圆车刀完成。

4. 切削用量

确定加工方案和刀具后，选择合适的刀具，刀具切削参数见表 2-13。

表 2-13 刀具切削参数

刀具号	刀具参数	加工方法	背吃刀量/mm	主轴转速/(r·min^{-1})	进给率/(mm·r^{-1})
T0101	90°外圆车刀	粗车	最大为 2	800	0.2
		精车	0.5	1 000	0.1

项目二　FANUC-0i 系统阶梯轴编程与加工

二、确定工件坐标系和对刀点

以零件右端面与回转轴线交点为工件原点，坐标系如图 2-37 所示。

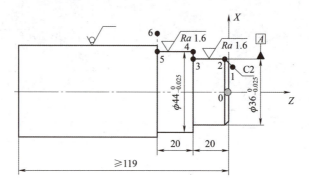

图 2-37 坐标系

三、程序编制

阶梯轴参考程序见表 2-14。

表 2-14 阶梯轴参考程序

程序编制视频

程序	程序说明
O2302;	程序名
T0101;	选用 1 号外圆车刀，建立工件坐标系
M04 S600;	主轴反转，转速 600 r/min
M08;	切削液开
G01 X52.0 Z0 F3.0;	X，Z 轴快速定位至端面切削起点
G01 X-1.0 F0.1;	切端面
G00 X52.0 Z2.0;	退刀至循环起点
G71 U2.0 R1.0;	粗车 φ36 mm 至 φ44 mm 外圆
G71 P10 Q60 U1.0 W0.5 F0.2 S800;	
N10 G42 G01 X26.0 F3.0 S1000;	精加工起始段，右刀补偿
N20 X35.988 Z-2.0 F0.1;	精车 C2 倒角，φ36 mm 平均尺寸。精车速度 0.1
N30 Z-20.0;	\\ 点 2→点 3
N40 X43.988;	\\ 点 3→点 4
N50 Z-40.0;	\\ 点 4→点 5
N60 G40 X51.;	\\ 点 5→点 6，取消刀补
G70 P10 Q60;	精车
G00 X100.0 Z50.0;	快速退刀
M09;	切削液停
M05;	主轴停止
M30;	程序结束

四、仿真加工

使用仿真系统完成零件加工。

五、机床加工

按照如下操作步骤完成任务工单3。

仿真加工视频

1. 电源的接通

（1）检查 CNC 车床的外表是否正常（如后面电控柜的门是否关上、车床内部是否有其他异物）。

（2）打开位于车床后面电控柜上的主电源开关，应听到电控柜风扇和主轴电动机风扇开始工作的声音。

（3）按操作面板上的 POWER ON 按钮，接通电源。

（4）顺时针方向松开急停 EMERGENCY 按钮。

（5）绿灯亮后，机床液压泵已启动，机床进入准备状态。

（6）如果在进行以上操作后，机床没有进入准备状态，检查是否有下列情况，进行处理后再按 POWER ON 按钮。

①是否按过操作面板上的 POWER ON 按钮？如果没有，则按一次。

②是否有某一个坐标轴超过行程极限？如果是，则对机床超过行程极限的坐标轴进行恢复操作。

③是否有警告信息出现在 CRT 显示屏上？如果有，则按警告信息做操作处理。

2. 工件的装夹

（1）数控车床使用三爪自动定心卡盘，对于圆棒料，装夹时工件要水平安放，右手拿工件，左手旋紧夹盘扳手。

（2）工件的伸出长度一般比被加工部分长 10 mm 左右。

（3）对于一次装夹不能满足形位公差的零件，装夹方法采用鸡心夹头夹持工件并用两顶尖顶紧。

（4）用校正划针校正工件，经校正后再将工件夹紧，工件找正工作随即完成。

3. 刀具安装

将加工零件的刀具依次装夹到相应的刀位上，操作如下。

（1）根据加工工艺路线分析，选定被加工零件所用的刀具号，按加工工艺的顺序安装。

（2）选定 1 号刀位，装上第一把刀，注意刀尖的高度要与对刀点重合。

（3）手动操作控制面板上的"刀架旋转"按钮，然后依次将加工零件的刀具装夹到相应的刀位上。

4. 返回参考点操作

在程序运行前，必须先对机床进行参考点返回操作，即将刀架返回机床参考点。有手动参考点返回和自动参考点返回两种方法。通常情况下，在开机时采用手动参考点返回方法，其操作方法如下。

(1) 将机床工作方式选择开关设置在手动方式 ZRN 位置上。
(2) 操作机床面板上的 +X 方向按钮，进行 X 轴回零操作。
(3) 操作机床面板上的 +Z 方向按钮，进行 Z 轴回零操作。
(4) 当坐标轴返回参考点时，刀架返回参考点，确认灯亮后，操作完成。

操作时的注意事项如下。
(1) 参考点返回时，应先移动 X 轴。
(2) 应防止参考点返回过程中刀架与工件、尾座发生碰撞。
(3) 由于坐标轴在加速移动方式下速度较快，没有必要时应尽量少用，以免发生危险。

5. 手动操作

使用机床操作面板上的开关、按钮或手轮手动操作移动刀具，可使刀具沿各坐标轴移动。

(1) 手动连续进给。用手动可以连续地移动机床，操作步骤如下。

将方式选择开关置于 JOG 的位置上，操作控制面板上的 X 方向慢速或 Z 方向慢速移动按钮，机床将按选择的轴和方向连续慢速移动。

(2) 快速进给。同时按下 X 方向和 Z 方向两个快速移动按钮，刀具将按选择的方向快速进给。

6. 程序的输入

程序的输入有用键盘输入和用 RS-232C 通信接口输入两种方式。

用 RS-232C 通信接口输入程序的操作步骤如下。
(1) 连接好 PC，把 CNC 程序装入计算机。
(2) 设定好 RS-232C 通信接口有关的设定。
(3) 把程序保护开关置于 ON 上，操作方式设定为 EDIT 方式（即编辑方式）。
(4) 单击屏幕下方的"程式"按钮后，显示程序。
(5) 当 CNC 磁盘上无程序号或者想变更程序号时，输入 CNC 所希望的程序号：O×××（当磁盘上有程序号且不改变程序号时，不做此项操作）。
(6) 运行通信软件，并使之处于输出状态（详见通信软件说明）。
(7) 单击 INPUT 按钮，此时程序即传入存储器，传输过程中，画面状态显示"输入"。

7. 对刀

在数控车床车削加工过程中，首先应确定零件的加工原点，以建立准确的加工坐标系。其次要考虑刀具的不同尺寸对加工的影响，这些都需要通过对刀来解决。

8. 图形模拟功能

可在 CRT 画面上描绘加工中编程的刀具轨迹，由 CRT 显示的轨迹可检查加工的进展状况。另外，也可对画面进行放大或缩小。

9. 试运行

(1) 机床锁。使机床操作面板上的机床锁开关接通，自动运行加工程序时，机床刀架并不移动，只是在 CRT 上显示各轴的移动位置。该功能可用于加工程序的检查。

提示：在"机床锁"状态下，即使用 G27、G28 来指令，机床也不返回参考点，且指令灯不亮。

（2）辅助功能锁。接通机床操作面板的辅助功能锁开关后，程序中的 M，S，T 代码指令被锁，不能执行。该功能与机床锁一起用于程序检测。M00，M01，M30，M98，M99指令可正常执行。

（3）空运行。若按一下空运行开关，空运行灯变亮。不装工件，在自动运行状态运行加工程序，机床空跑，可用于检测程序及加工轨迹的正确性。

10. 自动运行

按循环启动按钮，即开始自动运转，循环启动灯亮。

11. 检测尺寸精度

主要包括直径和长度尺寸，要符合图样中的尺寸要求。

任务评价

对任务完成情况进行评价，并填写任务评价表 2–15。

表 2–15 任务评价表

序号	评价项目		自评			师评		
			A	B	C	A	B	C
1	职业素养	工位保持清洁，物品整齐						
		着装规范整洁，佩戴安全帽						
		操作规范，爱护设备						
2	程序编制	程序号						
		选用刀具，确定工件坐标系						
		主轴旋转，切削液开						
		编制粗加工程序段						
		编制精加工程序段						
		退刀，切削液关						
		程序结束						
3	机床加工	接通机床电源						
		毛坯安装						
		刀具安装						
		对刀（部分机床不用回参考点）						
		上传 NC 程序或手动输入程序						
		图形模拟及试运行						
		空运行及自动运行						
		零件测量						
	综合评定							

> 扩展任务

考虑刀具补偿编写图 2-38 所示零件的精加工程序。

图 2-38 零件

任务工单 3

工作任务	数控车削阶梯轴		
小组号		工作组成员	
工作时间		完成总时长	
工作任务描述			
粗、精车椭圆配合件左端 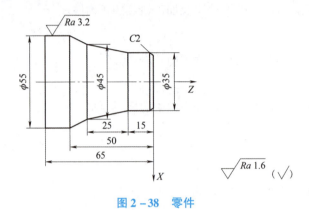			
小组分工	姓名		工作任务
操作过程记录单			
步骤	填写内容		说明
1. 对刀信息			
2. 编制程序			

续表

步骤	填写内容		说明
3. 自动加工			
4. 测量			
验收评定		验收人签名	
总结反思			
学习收获			
创新改进			
问题反思			

项目三 FANUC-0i 系统外槽编程与加工

任务1 倒角槽编程与加工

教学目标

（1）掌握用 G01 指令加工槽的方法。
（2）掌握加工倒角槽类零件的工艺及程序的编制。
（3）掌握切槽刀的对刀方法。
（4）培养学生的自学能力和创新能力。
（5）培养学生精益求精的工匠精神和节约成本的意识。

任务描述

图 3-1 所示倒角槽轴，材料为 45 钢。毛坯为 φ50 mm×45 mm 棒料，外圆已精车完毕。切削直槽，槽宽为 5 mm，并完成两个 0.5 mm 宽的倒角。切槽刀宽为 4 mm。

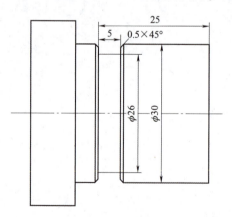

图 3-1 倒角槽轴

任务目的

掌握沟槽的数控加工工艺，掌握切槽刀的对刀方法，编制倒角槽的数控加工程序。

> 知识链接

在数控加工中常遇到一些沟槽的加工，如外槽、内槽和端面槽等，采用数控车床编制程序对这些零件进行加工是最常用的加工方法。一般的单一切直槽或切断，采用 G01 指令即可。对于宽槽或多槽零件，只能用子程序或复合循环指令进行加工。常见的各种沟槽如图 3-2 所示。

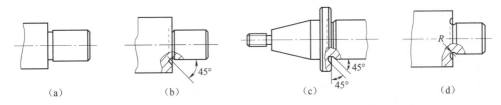

图 3-2 常见的各种沟槽

一、槽类零件加工刀具

1. 切槽刀

切槽刀常选用高速钢切槽刀和机夹可转位切槽刀。切槽刀与切断刀在刀具角度与切削方式上没有太多区别，但一般情况下切断刀比切槽刀的刀长要长些。两种刀具都要注意干涉问题，切槽刀刀长要大于槽深，而切断刀刀长要大于工件半径。图 3-3、图 3-4 所示为数控切槽刀和端面切槽刀的实物图片。

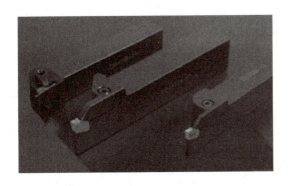

图 3-3 数控切槽刀

图 3-4 端面切槽刀

2. 切断刀

切断刀用于工件的切断，图 3-5 所示为切断刀实物。

1) 切断刀的几何形状

高速钢切断刀的几何形状如图 3-6 所示。

(1) 前角（γ_0）。切断中碳钢工件时，$\gamma_0 = 20° \sim 30°$，切断铸铁工件时，$\gamma_0 = 0° \sim 10°$。

(2) 主后角（α_0）。切断塑性材料时取大些，切断脆性材料时取小些。

(3) 副后角（α_0'）。切断刀有两个对称的副后角，其作用是减少切断刀副后面和工件

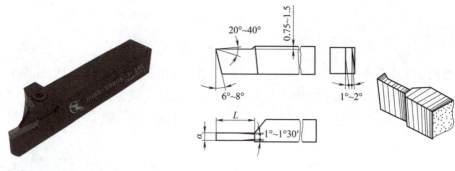

图 3-5 切断刀　　　　　　　图 3-6 高速钢切断刀的几何形状

两侧已加工表面之间的摩擦。

（4）主偏角（κ_r）。切断刀以横向进给为主，主偏角 $\kappa_r = 90°$。

（5）副偏角（κ_r'）。切断刀的两个副偏角必须对称。

（6）主切削刃宽度（a）。主切削刃太宽，会因切削力过大而引起振动，并浪费工件材料；太窄又会削弱刀头强度，容易使刀头折断。

（7）刀头长度（L）。切断刀的刀头不宜太长，太长会引起振动和使刀头折断。

2）常用的其他几种切断刀

（1）硬质合金切断刀。硬质合金切断刀是目前生产过程中应用较广泛的高速切断刀。图 3-7 所示为硬质合金鱼肚形切断刀，图 3-8 所示为硬质合金切断刀片槽形状。

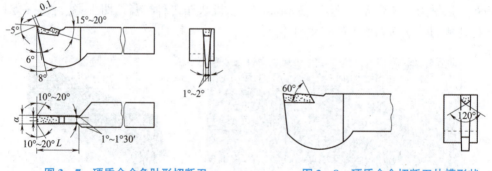

图 3-7 硬质合金鱼肚形切断刀　　　　图 3-8 硬质合金切断刀片槽形状

（2）机械夹固式切断刀。机械夹固式切断刀具有节省刀柄材料、换刀方便并可解决刀片脱焊现象等优点，现已广泛应用。图 3-9 所示为杠杆式机械夹固式切断刀。

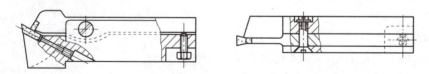

图 3-9 杠杆式机械夹固式切断刀

（3）弹性切断刀。为了节省高速钢材料并使刃磨方便，切断刀可以做成片状，再装在弹性刀柄上，如图 3-10 所示。

（4）反切刀。切断直径较大的工件时，由于刀头较长，刚性较差，很容易引起振动，这时可以采用反向切断法，即工件反转，用反切刀切断，如图3-11所示。

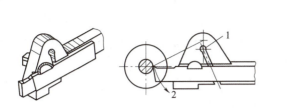 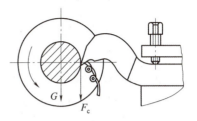

图3-10 弹性切断刀　　　　　　　　图3-11 反向切断和反切刀
1—弯曲中心；2—切断刀后退方向

3) 切断刀的装夹

装夹时，切断刀不宜伸出太长，同时切断刀的中心线必须与工件中心线垂直，确保两副后角对称。切断无孔工件时，切断刀主切削刃必须安装得与工件中心等高，否则不能车到工件中心，而且容易崩刃，甚至折断车刀。

切断刀的底平面应平整，以确保装夹后两个副后角对称。

二、槽类零件测量量具

对于精度要求低的沟槽可用金属直尺测量其宽度，用金属直尺和外卡钳相互配合等方法测量其沟槽槽底直径，如图3-12（a）和图3-12（b）所示。

对于精度要求高的沟槽通常用外径千分尺测量其沟槽槽底直径，如图3-12（c）所示；用样板测量其宽度，如图3-12（d）所示；或者用游标卡尺测量其宽度，如图3-12（e）所示。

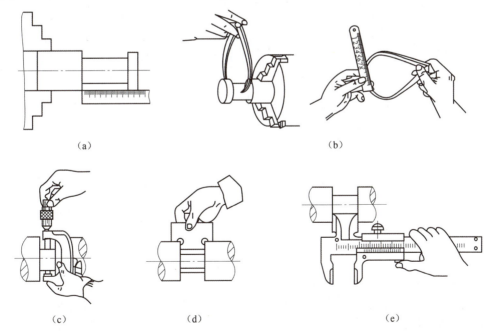

图3-12 沟槽的检查和测量
(a) 金属直尺测量；(b) 外卡钳测量；(c) 外径千分尺测量；(d) 样板测量；(e) 游标卡尺测量

三、槽类零件加工工艺

1. 槽类零件的技术要求

需要考虑槽类零件加工表面的尺寸精度和粗糙度 Ra 值，零件的结构形状和尺寸大小，热处理情况，材料的性能以及零件的批量等。

（1）尺寸精度：长度、深度等。

（2）形状精度：圆度、圆柱度及轴线的直线度。

（3）位置精度：同轴度、平行度、垂直度。

（4）表面质量：表面粗糙度、表面硬度等。

2. 常用加工方案及特点

精度要求较高的零件，切槽在精车之前进行；精度要求不高的零件，可在精车后车槽。外沟槽的具体车削方法如下。

（1）车削精度不高的和宽度较窄的沟槽时，可用刀宽等于槽宽的车槽刀，采用一次直进法车出，如图 3-13（a）所示。

（2）车削有精度要求的沟槽时，一般采用两次直进法车出，即第一次车槽时槽壁两侧留精车余量，然后根据槽深、槽宽进行精车，如图 3-13（b）所示。

（3）车削较宽的沟槽时，可用多次直进法车削，如图 3-13（c）所示，并在槽壁两侧留一定精车余量，然后根据槽深、槽宽进行精车。

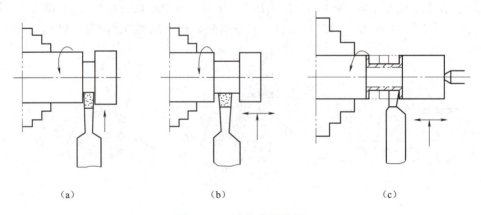

图 3-13 直沟槽的车削

（a）一次直进法；（b）两次直进法；（c）多次直进法

（4）车削较窄的梯形槽时，一般用成形刀一次完成。

（5）车削较窄的圆弧槽时，一般用成形刀一次完成。

3. 切断

切断要用切断刀，切断刀刀头窄而长，容易折断。常用的切断方法有直进法、左右借刀法和反切法三种。直进法常用于切断铸铁等脆性材料，左右借刀法常用于切断钢等塑性材料。

1）具体切断方法

（1）直进法切断工件。直进法是指在垂直于工件轴线的方向进行切断，如图 3-14（a）

所示。

（2）左右借刀法切断工件。在切削系统（刀具、工件、车床）刚性不足的情况下，可采用左右借刀法切断，如图 3-14（b）所示。

（3）反切法切断工件。反切法是指工件反转，用反切刀切断，如图 3-14（c）所示。

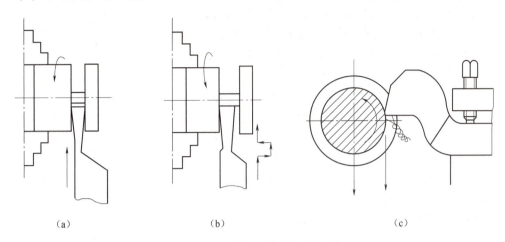

图 3-14　切断工件的三种方法
（a）直进法；（b）左右借刀法；（c）反切法

2）切断注意事项

（1）工件的切断处应尽量靠近卡盘，以便增加刚性。

（2）切断刀刀尖与工件中心等高，防止工件留有凸台。

（3）切断刀中心线与工件中心线呈 90°角，以获得理想的加工面，减少振动。

（4）切断刀伸出刀架长度要短，进给要缓慢均匀。

（5）切铸铁时可不加切削液，切钢件时要加切削液。

4. 车削切削用量的确定

1）车削背吃刀量 a_P 的确定

切断、车外沟槽一般均为横向进给切削，背吃刀量 a_P 是垂直于已加工表面方向所量得的切削层宽度的数值。车削加工的背吃刀量 a_P 按照经验值，精加工时取 0.1~0.5 mm。此时，工件的切槽加工因精度不高，切削余量不大，可直接切到槽底。

2）车削进给量 f 的确定

切断和车槽时，因为切断刀和车槽刀刀头刚性不足，所以不宜选较大的进给量。进给速度根据经验值取 0.07 mm/r。

3）切削速度 v_c 的确定

用高速钢车刀切断钢料件时，v_c = 30~40 m/min，切断铸铁材料件时，v_c = 15~20 m/min。主轴速度根据经验值取 1 200 r/min。

四、切槽编程指令（G01）

切槽宽大于刀具宽度的零件，如果槽宽处有倒角，可用 G01 指令。

（1）倒角的作用。阶梯轴端面的毛刺，会影响零件装配及测量，为了便于装配及测量,常在轴端设计倒角。

(2) 倒角的种类。倒角有斜角和圆弧角两种。

(3) 倒角的常用车削方法如下。

①倒小斜角可采用直线插补的方法切削(G01)。

②倒小圆弧角可采用圆弧插补的方法切削(G02,G03)。

③倒大斜角可采用切削圆锥的方法切削(G90,G94)。

④倒大圆弧角可采用切削圆弧的方法切削。

(4) 倒角的车削方法及编程计算。车削倒角一般选用90°外圆车刀。先将刀尖移到倒角的延长线上,然后让车刀沿倒角轮廓进行车削。

如图3-15所示,要车削零件右端的2×45°倒角,为了加工出平滑的45°倒角,必须先将车刀刀尖移到倒角的延长线上,点 A(14,1) 为倒角延长线上的一点。

工件原点设在工件右端面,倒角的程序如下。

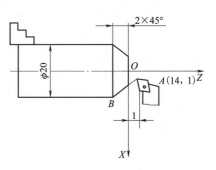

图3-15 倒角的车削

```
G00 X20.0 Z5.0;           快速定位
G01 X14.0 Z1.0 F0.2;      移到A点
G01 X20.0 Z-2.0;          A→B
(或 G01 U6.0 W-3.0;)     A→B
```

五、倒角槽编程思路

如图3-16所示,工件原点设在右端面中心,切槽刀对刀点为左刀位,因切槽刀宽小于槽宽,且需用切槽刀切倒角,故加工此槽需3刀完成。一般先从槽中间将槽切至槽底并反向退出,刀具移至左边倒角延长线上。倒左角并切槽左边余量后退出,刀具移至右边倒角延长线上。倒右角并切槽右边余量后移至槽中心退出,G01切槽步骤示意如图3-17所示。

倒角槽编程讲解视频

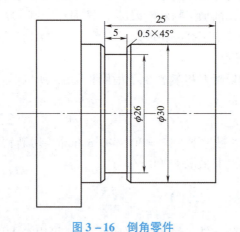

图3-16 倒角零件

图 3-17 G01 切槽步骤示意

任务实施

一、工艺分析与工艺设计

1. 确定装夹方案

工件选用三爪卡盘装夹。

2. 确定加工方法和刀具

图 3-16 中的槽为梯形槽,可选用刀宽小于槽宽的切槽刀,使用 G01 指令,采用 3 次直进法车出 5 mm 宽的矩形槽。先从槽中间将槽切至槽底并反向退出,刀具移至左边倒角延长线上,倒左角并切槽左边余量后退出。刀具移至右边倒角延长线上,倒右角并切槽右边余量后退出,最终完成加工。切槽加工方案见表 3-1。

表 3-1 切槽加工方案

加工内容	加工方法	选用刀具
切槽	车削	宽度为 3 mm 切槽刀

二、确定切削用量

刀具切削参数见表 3-2。

表 3-2 刀具切削参数

刀具号	刀具参数	背吃刀量/mm	主轴转速/(r·min^{-1})	进给率/(mm·r^{-1})
T0202	宽度为 3 mm 切槽刀	—	400	0.07

三、确定工件坐标系和对刀点

以工件右端面中心为工件原点,建立工件坐标系,如图 3-18 所示。采用手动对刀法对刀。

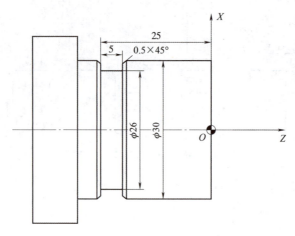

图 3-18 工件坐标系

四、编制程序

倒角零件的加工程序见表 3-3。

表 3-3 倒角零件的加工程序

程序	程序说明
O3201;	程序号
N010 T0202;	选用 2 号刀,设工件坐标系
N020 G00 X31.0 Z-24.5 M04 S500;	主轴反转,转速为 500 r/min,X,Z 轴快速定位
N030 G01 X26.0 F0.05;	切槽
N040 X31.0;	X 快速退刀,回到刀具的初始位置
N050 W-1.5;	倒左角
N060 X29.0 W1.0;	
N070 X26.0;	
W0.5;	
N080 X31.0;	
N090 W1.5;	倒右角
N100 X29.0 W-1.0;	
N120 X26.0;	
W-0.5;	
N130 X31.0;	
N140 G00 X80.0 Z150.0;	退刀
N150 M05 M30;	主轴停转,程序结束

五、仿真操作

操作过程同项目二任务 2 中表 2-10 的相关内容。

六、机床操作

1. 毛坯、刀具、工具、量具准备

刀具：宽度为 3 mm 的切槽刀。

量具：0~125 mm 游标卡尺、0~25 mm 内径千分尺、深度尺、0~150 mm 钢尺（每组 1 套）。

材料：45 钢，毛坯尺寸为 $\phi 50$ mm×45 mm。

①将 $\phi 50$ mm×45 mm 的毛坯正确安装在机床的三爪卡盘上。
②将宽度为 3 mm 的切槽刀正确安装在刀架上。
③正确摆放所需工具、量具。

2. 程序输入与编辑

①开机。②回参考点。③输入程序。④程序图形校验。

3. 零件的数控车削加工

①主轴反转。②X 向对刀，Z 向对刀，设置工件坐标系。③进行相应刀具参数设置。④自动加工。

七、零件检测

学生对加工完的零件进行自检，使用游标卡尺、内径千分尺等量具对零件进行检测。

任务评价

对任务完成情况进行评价，并填写任务评价表 3-4。

表 3-4　任务评价表

序号	评价项目		自评			师评		
			A	B	C	A	B	C
1	程序模板制作	程序号						
		选用刀具，确定工件坐标系						
		主轴旋转，切削液开						
		编制粗加工程序段						
		编制精加工程序段						
		退刀，切削液关						
		程序结束						

续表

序号	评价项目		自评			师评		
			A	B	C	A	B	C
2	机床加工	接通机床电源						
		毛坯安装						
		刀具安装						
		对刀（部分机床不用回参考点）						
		上传 NC 程序或手动输入程序						
		图形模拟及试运行						
		空运行及自动运行						
		零件测量						
综合评定								

扩展任务

本任务要求运用数控车床加工图 3-19 所示的倒角槽，材料为 45 钢。

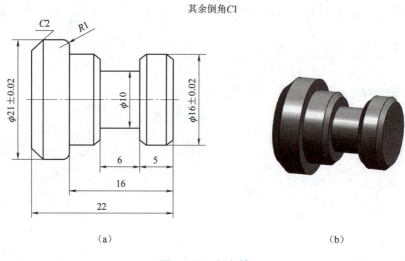

图 3-19 倒角槽

任务2　规律槽编程与加工

教学目标

（1）掌握规律槽子程序编程方法。

(2) 理解规律槽类零件的结构特点和加工工艺特点。
(3) 掌握暂停指令 G04 的用法。
(4) 培养学生自学能力和团队精神。
(5) 培养学生精益求精的工匠精神和节约成本的意识。

任务描述

本任务要求运用数控车床加工图 3 – 20 所示的多槽轴，外圆已加工完毕。要求切削 3 个直槽，槽宽为 3 mm，槽深为 3 mm，材料为 45 钢。

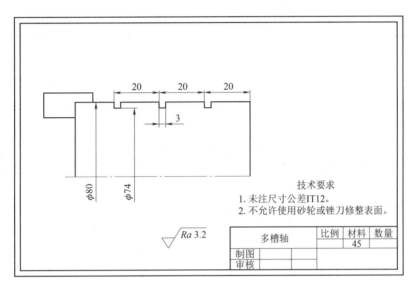

图 3 – 20 多槽轴

任务目的

掌握规律槽类零件数控程序编程的基本方法和基本功能指令，会编制规律槽的数控加工程序。

知识链接

1. 暂停指令（G04）

G04 是典型的非模态代码，它只在本程序段有效。如图 3 – 21 所示，该指令可使刀具作短时间的无进给光整加工，常用于车槽、镗平面、锪孔等场合。暂停指令有两个作用。一是将切屑及时切断，以利于继续切削；二是使刀具进给暂停，保持槽底平整。
指令格式：
G04 X_;或 G04 U_;或 G04 P_;

暂停指令

注意：使用 P 时不能有小数点，单位为 ms；使用 X 或 U 时单位为 s。如要暂停 2 s，可以用以下几种指令指定。

G04 X2.0;或 G04 U2.0;或 G04 P2000;

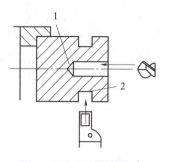

图 3-21　G04 暂停指令
1—在孔底暂停；2—在槽底暂停

2. 子程序

1）子程序的概念

机床的加工程序可以分为主程序和子程序两种。主程序是一个完整的零件加工程序，或是零件加工程序的主体部分。它与被加工零件或加工要求一一对应，不同的零件或不同的加工要求都有唯一的主程序。

在编制加工程序过程中，有时会遇到一组程序段在一个程序中多次出现，或者在几个程序中都要使用它。这个典型的加工程序可以做成固定程序，并单独加以命名，这组程序段就称为子程序。

子程序一般都不可以作为独立的加工程序使用，它只能通过主程序进行调用，实现加工中的局部动作。子程序执行结束后，能自动返回调用它的主程序中。

2）子程序的格式

在大多数数控系统中，子程序和主程序并无本质区别。子程序和主程序在程序号及程序内容方面基本相同，仅结束标记方面不同。在 FANUC-0i 系统中主程序用 M02 或 M30 表示结束，而子程序用 M99 表示结束，并实现自动返回主程序功能，如子程序 O0401。

子程序讲解视频

```
O0401;
G01 U-1.0 W0;
...
G28 U0 W0;
M99;
```

对于子程序结束指令 M99，不一定要单独书写一行，例如，子程序 O0401 中最后两段可写成 G28 U0 W0 M99。

3）子程序的调用

子程序由主程序或子程序调用指令调出执行，调用子程序的指令格式如下。

M98 P××××　××××;

P 后面前 4 位为重复调用次数，省略时为调用一次，后 4 位为子程序号。

M98 P 也可以与移动指令同时存在于一个程序段中。

例 3-1　X100 M98 P1200;

此时，X 移动完成后，调用 1200 号子程序。

4）主程序调用子程序的形式如图 3-22 所示

5）子程序的嵌套

为了进一步简化加工程序，可以允许其子程序再调用另一个子程序，这一功能称为子程序的嵌套。

当主程序调用子程序时，该子程序被认为是一级子程序，FANUC-0i 系统中的子程序允许 4 级嵌套，如图 3-23 所示。

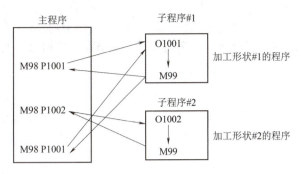

图 3-22 子程序的调用

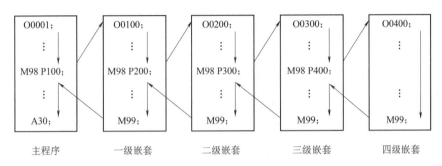

图 3-23 子程序的嵌套

6) 子程序调用的特殊用法

(1) 子程序返回主程序中的某一程序段。如果在子程序的返回指令中加上 Pn 指令，则子程序在返回主程序时，将返回主程序中有程序段段号为 n 的那个程序段，而不直接返回主程序。其程序格式如下。

M99 Pn；

例 3-2　M99 P100；（返回 N100 程序段）

(2) 自动返回程序开始段。如果在主程序中执行 M99，则程序将返回主程序的开始程序段并继续执行主程序。也可以在主程序中插入 M99 Pn，用于返回指定的程序段。为了能够执行后面的程序，通常在该指令前加"/"，以便在不需要返回执行时，跳过该程序段。

注意：

(1) 编程时应注意子程序与主程序之间的衔接问题。

(2) 在试切阶段，如果遇到应用子程序指令的加工程序，就应特别注意车床的安全问题。

(3) 子程序多是增量方式编制，应注意程序是否闭合。

任务实施

一、工艺分析与工艺设计

1. 确定装夹方案

毛坯长 90 mm，选用三爪卡盘装夹。

2. 确定加工方法和刀具

图 3-20 零件中的槽为矩形槽，可选用刀宽等于槽宽的切槽刀，使用 G01 指令，采用直进法一次车出矩形槽。切槽加工方案见表 3-5。

表 3-5 切槽加工方案

加工内容	加工方法	选用刀具
切槽	车削	宽度为 3 mm 切槽刀

二、确定切削用量

各刀具切削参数见表 3-6。

表 3-6 刀具切削参数

刀具号	刀具参数	背吃刀量/mm	主轴转速/（r·min^{-1}）	进给率/（mm·r^{-1}）
T0202	宽度为 3 mm 的切槽刀	—	400	0.1

三、确定工件坐标系和对刀点

以工件右端面中心为工件原点，建立工件坐标系，如图 3-24 所示。采用手动对刀法对刀。

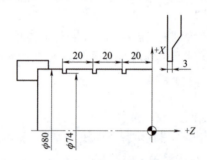

图 3-24 工件坐标系

四、编制程序

程序见表 3-7、表 3-8。

表 3-7 主程序

程序	程序说明
O0602；	程序号
T0303；	选择 3 号刀，设工件坐标系
G97 S1200 M04 M08；	主轴反转，转速为 1 200 r/min
G00 X82.0 Z0；	X，Z 轴快速定位
M98 P0003 5555；	调用子程序 O5555，切削 3 个凹槽
G00 X150.0 Z200.0；	X，Z 快速退刀，回到刀具的初始位置
M30；	程序结束

表 3–8 子程序

程序	程序说明
O5555;	程序号
W –20.0;	刀具左移 20 mm（只能用增量）
G01 X74.0 F0.07;	切槽到底
G04 X2.0;	槽底进给暂停 2 s
G00 X82.0;	X 快速退刀，回到刀具的初始位置
M99;	子程序结束

五、仿真操作

操作步骤同项目二任务 2 中表 2–10 的相关内容。

六、机床操作

操作步骤同项目二任务 2 中表 2–11 的相关内容。

七、零件检测

对加工完的零件进行自检，使用游标卡尺、内径千分尺等量具对零件进行检测。

任务评价

对任务完成情况进行评价，并填写任务评价表 3–9。

表 3–9 任务评价表

序号	评价项目	评价项目	自评			师评		
			A	B	C	A	B	C
1	职业素养	工位保持清洁，物品整齐						
		着装规范整洁，佩戴安全帽						
		操作规范，爱护设备						
2	程序编制	程序号						
		选用刀具，确定工件坐标系						
		主轴旋转，切削液开						
		编制车削矩形槽程序段						
		退刀，切削液关						
		程序结束						

续表

序号	评价项目		自评			师评		
			A	B	C	A	B	C
3	机床加工	接通机床电源						
		毛坯安装						
		刀具安装						
		对刀（部分机床不用回参考点）						
		上传 NC 程序或手动输入程序						
		图形模拟及试运行						
		空运行及自动运行						
		零件测量						
	综合评定							

扩展任务

运用 FANUC-0i 系统子程序指令，加工图 3-25 所示切槽加工零件上的 5 个槽。

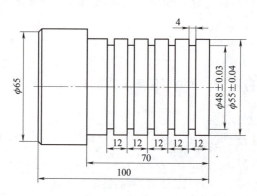

图 3-25 切槽加工零件

任务 3　　宽槽零件的编程与加工

教学目标

(1) 掌握 G74，G75 等指令的使用场合。
(2) 掌握宽槽零件的结构特点和加工工艺特点。
(3) 会编制宽槽零件的数控加工程序。
(4) 培养学生自学能力和接受新鲜事物的能力。
(5) 培养学生精益求精的工匠精神。

> 任务描述

本任务要求运用数控车床加工图 3-26 所示倒角宽轴，要求切削倒角宽槽，槽宽为 10 mm，材料为 45 钢。

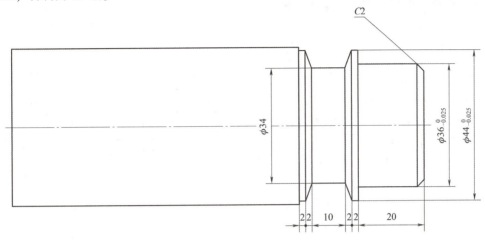

图 3-26 倒角宽轴

> 任务目的

掌握槽加工指令 G74 和 G75，会编制倒角宽轴数控加工程序。

> 知识链接

一、车削端面直槽

若切割精度要求不高、宽度较小且较浅的直槽，通常采用等宽刀直进法一次车出；如果切割精度要求较高，通常采用先粗切，后精切的方法进行。

切割较宽的平面沟槽，可采用多次直进法。图 3-27 所示为端面沟槽的车削及端面槽刀。

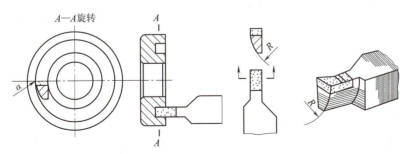

图 3-27 端面沟槽的车削及端面槽刀

二、端面切槽复合循环（G74）

该指令除用于深孔钻削加工外，还适用于端面宽大的沟槽的加工。加工过程中，刀具不断重复 Z 轴向进给与退出的动作，还能在 X 轴向作 P 值的移动（钻孔时 P 值不需写）。G74 端面沟槽切削循环的切削路线如图 3-28 所示。

指令格式：

G74 R(e);
G74 X(U)_Z(W)_P(Δi) Q(Δk) R(Δd) F(f);

说明如下。

e 为返回量；X 为切削终点的 X 绝对坐标（B 点的 X 坐标）；U 为切削终点的 X 增量坐标（A 点至 B 点的增量值）；Z 为切削终点的 Z 绝对坐标（C 点的 Z 坐标）；W 为切削终点的 Z 增量坐标（A 点至 C 点的增量值）；Δi 为 X 轴向的移动量（不需要正、负符号），单位为 μm；Δk 为 Z 轴向的切削深度（不需要正、负符号），单位为 μm；Δd 为切削至底部时的退刀（钻孔时此值为零，端面切槽时该值亦须设为零，否则第一刀之切槽将

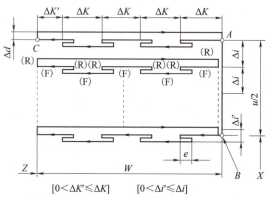

图 3-28 G74 端面沟槽切削循环的切削路径

造成槽刀与槽之侧面产生干涉）；f 为进给速度，单位为 mm/r。

注意：

（1）X（U）和 P 被省略时，以 0 来计算，所以仅有 Z 轴动作，可做深孔钻自动循环。

（2）Δd 没有指令时，以 0 来计算。

（3）G74 指令为 Z 轴向的切削指令。

（4）G75 与 G74 的指令是相对称的，指令中各定义皆相同。

编程举例。如图 3-29 所示，加工端面沟槽，切槽刀宽度为 5 mm，对刀点为上刀点。G74 端槽加工程序见表 3-10。

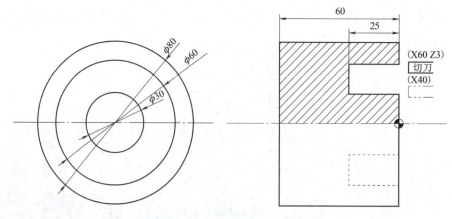

图 3-29 G74 端槽加工循环

表 3-10　G74 端槽加工程序

程序	程序说明
O3301;	程序号
N010 T0303;	设工件坐标系
N020 G00 G96 S80 X60.0 Z3.0 M04;	X,Z 轴快速定位，主轴反转，转速 80 m/min
N030 G74 R1.0;	每切入 10 mm 就空退 1 mm
N040 G74 X40.0 Z-25.0 P4000 Q10000 F0.1;	X 切削终点：30 + 刀宽
N050 G00 X100.0 Z150.0;	X,Z 向退刀
N060 M30;	程序结束

三、外径（内径）切槽复合循环

外径槽切削循环功能适合于在外圆柱面上切削沟槽或切断加工。断续分层切入时便于处理深沟槽的切屑和散热。G75 外径（X 轴向）沟槽切削循环的切削路线如图 3-30 所示。

G75 指令讲解视频

G75 也可用于内沟槽加工。当循环起点 X 坐标值小于 G75 指令中的 X 轴向终点坐标值时，自动为内沟槽加工方式。

指令格式：

G75 R(e);
G75 X(U)_Z(W)_P(Δi) Q(Δk) R(Δd) F(f);

说明如下：

e 为每次沿 X 轴向切削后的退刀量；X 为切削终点的 X 绝对坐标；U 为切削终点的 X 增量坐标；Z 为切削终点的 Z 绝对坐标；W 为切削终点的 Z 增量坐标；Δi 为 X 轴向每次的切削深度（半径值），单位为 μm；Δk 为每次 Z 轴向移动的间距，单位为 μm；Δd 为切削到终点时 Z 轴向的退刀量，通常不指定，省略 X（U）和 Δi 时，则视为 0；f 为进给率，单位为 mm/r。

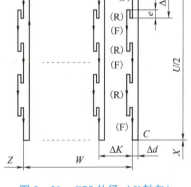

图 3-30　G75 外径（X 轴向）沟槽切削循环的切削路线

注意：

(1) G75 指令为 X 轴向的切削指令。

(2) Δi 和 Δk 不需正、负符号。

任务实施

一、工艺分析与工艺设计

1. 确定装夹方案

工件选用三爪卡盘装夹。

2. 确定加工方法和刀具

图 3-21 中的槽为一般直槽,可选用刀宽等于槽宽的切槽刀,使用 G01 指令,采用直进法一次车出。切槽加工方案见表 3-11。

表 3-11 切槽加工方案

加工内容	加工方法	选用刀具
切槽	车削	宽度为 3 mm 切槽刀

二、确定切削用量

刀具切削参数见表 3-12。

表 3-12 刀具切削参数

刀具号	刀具参数	背吃刀量/mm	主轴转速/(r·min^{-1})	进给率/(mm·r^{-1})
T0202	宽度为 3 mm 的切槽刀	—	400	0.07

三、确定工件坐标系和对刀点

以工件右端面中心为工件原点,建立工件坐标系,如图 3-31 所示。采用手动对刀法对刀。

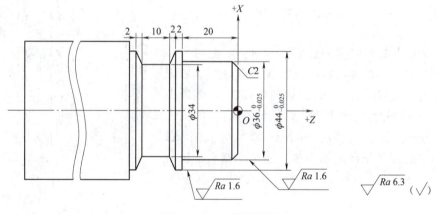

图 3-31 工件坐标系

四、应用子程序编程

主程序见表 3-13,子程序见表 3-14。

表 3-13 主程序

程序	程序说明
O3202;	程序号
T0202;	选用 2 号刀,设工件坐标系
S400 M04 M08;	主轴反转,转速为 400 r/min

续表

程序	程序说明
G01 X46.0 Z-27.0 F3; M98 P4 3004; G01 X49.0 Z-37.0 F3; X34.0 Z-34.0 F0.1; G04 X3.0; X49.0 F0.3; Z-24.0 F3; X34.0 Z-27.0 F0.1; Z-32.0; X35.0; X44.0 F3; G00 X150.0 Z200.0 M09; M05 M30;	快速定位到矩形槽的切削起点 调用子程序 O3004 四次 快速定位到梯形槽的左侧斜面切削起点 车削到左侧斜面终点 槽底暂停 3 s 沿 X 方向退刀 快速定位到梯形槽的右侧斜面切削起点 车削到右侧斜面终点 精车矩形槽槽底 刀具沿 X 方向离开工件 沿 X 方向快速退刀 X, Z 快速退刀, 切削液关 主轴停转, 程序结束

表 3-14 子程序

程序	程序说明
O3004; G01 X34.6 F0.1; G01 X45.0 F0.5; W-2.33 F3; M99;	程序号 切槽到 X34.6, 半径方向留 0.3 mm 余量 X 方向退刀至 X45.0 刀具左移 2.33 mm（只能用增量） 子程序调用结束

五、应用 G75 编程

G75 编制倒角宽槽程序见表 3-15。

表 3-15 G75 编制倒角宽槽程序

程序	程序说明
O3302; T0202; G97 S400 M04 M08; G01 X38.0 Z-27.5 F3.; G75 R1.; G75 X36.0 Z-33.5 P2000 Q2000 F0.1; G01 X49.0 Z-37.0 F3; X34.0 Z-34.0 F0.1; G04 X3.0; X49.0 F0.3; Z-24.0 F3; X34.0 Z-27.0 F0.1; Z-32.; X35.0; X44.0 F3; G00 X150.0 Z200.0; M05; M30;	程序号 选用 2 号刀, 设工件坐标系 主轴反转, 转速为 400 r/min X, Z 轴快速定位到第一个槽的切削起点 使用外径槽切削循环功能 G75 车削宽槽, 到起点 快速定位到梯形槽的左侧斜面切削起点 车削到左侧斜面终点 槽底暂停 3 s 沿 X 方向退刀 快速定位到梯形槽的右侧斜面切削起点 车削到右侧斜面终点 精车矩形槽槽底 刀具沿 X 方向离开工件 沿 X 方向快速退刀

六、机床操作

完成任务工单4。

机床阶梯轴外槽加工

七、零件检测

学生对加工完的零件进行自检,使用游标卡尺、内径千分尺等量具对零件进行检测。

任务评价

对任务完成情况进行评价,并填写任务评价表3-16。

表3-16 任务评价表

序号	评价项目		自评			师评		
			A	B	C	A	B	C
1	职业素养	工位保持清洁,物品整齐						
		着装规范整洁,佩戴安全帽						
		操作规范,爱护设备						
2	程序编制	程序号						
		选用刀具,确定工件坐标系						
		主轴旋转,切削液开						
		编制粗加工程序段						
		退刀,切削液关						
		程序结束						
3	机床加工	接通机床电源						
		毛坯安装						
		刀具安装						
		对刀(部分机床不用回参考点)						
		上传NC程序或手动输入程序						
		图形模拟及试运行						
		空运行及自动运行						
		零件测量						
	综合评定							

扩展任务

（1）本任务要求运用数控车床加工图 3-32 所示的径向槽，零件外圆已加工完毕，材料为 45 钢。

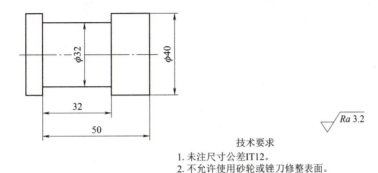

图 3-32 径向槽

（2）运用 FANUC-0i 系统 G75 指令，加工图 3-33 所示多槽零件的 5 个槽。

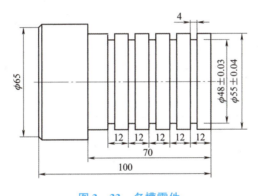

图 3-33 多槽零件

任务工单 4

工作任务	数控车削倒角宽槽	
小组号		工作组成员
工作时间		完成总时长
工作任务描述		
使用 G75 指令或子程序指令车削椭圆配合件左端带倒角的宽槽		

续表

小组分工	姓名	工作任务

操作过程记录单		
步骤	填写内容	说明
1. 对刀信息		
2. 编制程序		
3. 自动加工		
4. 测量		
验收评定		验收人签名

总结反思	
学习收获	
创新改进	
问题反思	

项目四　FANUC–0i 系统外螺纹编程与加工

任务1　螺纹基础知识

教学目标

（1）掌握螺纹加工编程指令 G32，G92 的用法。
（2）了解螺纹类零件的结构特点和加工工艺特点。
（3）了解螺纹类零件的工艺编制步骤。
（4）培养学生自学能力和接受新鲜事物的能力。
（5）培养学生精益求精的工匠精神。

任务描述

本任务要求加工椭圆轴上的外螺纹 M24×1.5，如图 4–1 所示，毛坯为 $\phi40$ mm × 52 mm，材料为 45 钢。

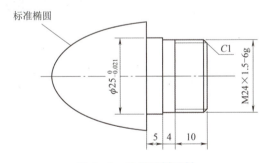

图 4–1　外螺纹椭圆轴

任务目的

了解外螺纹编程的基本方法，会用 G32 或 G92 功能指令编制外螺纹的数控加工程序。

> 知识链接

一、螺纹零件的车削加工工艺

1. 螺纹形成

牙型截面（三角形、梯形等）通过圆柱或圆锥的轴线，并沿其表面的螺旋运动所形成的连续凸起即螺纹，如图4-2所示。

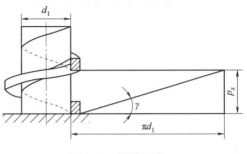

图4-2 螺纹形成

2. 螺纹的加工

螺纹有外螺纹和内螺纹之分，如图4-3（a）和图4-3（b）所示，车外螺纹和车内螺纹如图4-3（c）和图4-3（d）所示。

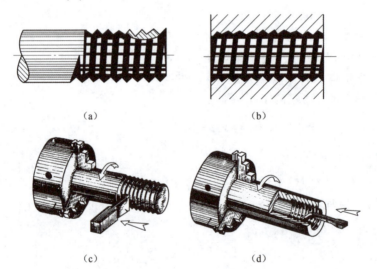

图4-3 车削螺纹

（a）外螺纹；（b）内螺纹；（c）车外螺纹；（d）车内螺纹

3. 螺纹的基本要素

螺纹的基本要素有5个，即牙型、直径、螺距（或导程）、线数和旋向。内、外螺纹配合时，两者的5个要素必须相同。

1）螺纹的牙型

在通过螺纹轴线的剖面上，螺纹的轮廓形状为牙型，如图4-4所示，常用的牙型有三种，即三角形、梯形和锯齿形。

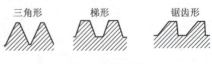

图4-4 常用牙型

2）螺纹的直径

（1）大径：与外螺纹牙顶或内螺纹牙底相切的假想圆柱面的直径，又称公称直径。内、外螺纹的大径分别用D，d表示。

（2）小径：与外螺纹牙底或内螺纹牙顶相切的假想圆柱面的直径。内、外螺纹的小径分别用 D_1，d_1 表示。

（3）中径：一个假想圆柱的直径。该圆柱的母线通过牙型上沟槽和凸起宽度相等的地方。内、外螺纹的中径分别用 D_2，d_2 表示。螺纹的部分要素如图 4-5 所示。

3）螺距和导程

螺纹上相邻两牙在中径线上对应两点之间的轴向距离 P 称为螺距。同一条螺纹上相邻两牙在中径线上对应两点之间的轴向距离 L 称为导程。

单线螺纹：$P=L$。多线螺纹：$P=L/n$。图 4-6 所示为螺纹的螺距和导程。

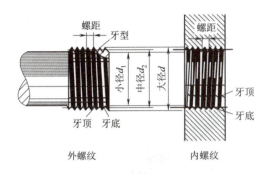

图 4-5 螺纹的部分要素

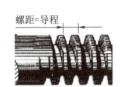 

图 4-6 螺纹的螺距和导程
(a) 单线螺纹；(b) 多线螺纹

4）螺纹的线数 n

沿一条螺旋线形成的螺纹叫作单线螺纹；沿两条或两条以上在轴向等距分布的螺旋线形成的螺纹叫作多线螺纹，如图 4-7 所示。

 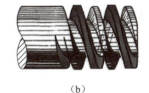

图 4-7 螺纹的线数
(a) 单线螺纹；(b) 双线螺纹

5）螺纹的旋向

普通螺纹有左旋螺纹和右旋螺纹之分，按顺时针方向旋进的螺纹，称为右旋螺纹（最为常用）。左旋螺纹应在螺纹标记的末尾处加注 LH 字，如 M20×1.5LH，未注明的是右旋螺纹，如图 4-8 所示。

4. 普通螺纹的工艺结构

普通螺纹是我国应用最为广泛的一种三角形螺纹，牙型角为 60°。普通螺纹分粗牙普通螺纹和细牙普通螺纹。粗牙普通螺

图 4-8 螺纹的旋向
(a) 左旋螺纹；(b) 右旋螺纹

纹螺距是标准螺距，其代号用字母 M 及公称直径表示，如 M16，M12 等。

（1）螺尾。螺纹末端形成的沟槽渐浅部分称为螺尾。

（2）螺纹退刀槽。供退刀用的槽称为螺纹退刀槽，作用是不产生螺尾。

（3）螺纹倒角。为了便于装配，在螺纹的始端需加工一小段圆锥面，称为倒角。

（4）不穿通的螺纹孔。需先钻孔，再加工螺纹。

5. 螺纹类零件的加工刀具

螺纹车刀常用的有外螺纹车刀和内螺纹车刀，如图 4-9 和图 4-10 所示。螺纹车刀的材料，一般有高速钢和硬质合金两种。高速钢螺纹车刀刃磨方便，韧性好，刀尖不易爆裂，常用于塑性材料螺纹的粗加工，但其在高温下容易磨损，不能用于高速车削。硬质合金螺纹车刀耐磨和耐高温性能较好，用于加工脆性材料的螺纹和高速切削塑性材料的螺纹，以及批量较大的小螺距（$P<4$）螺纹。

图 4-9　外螺纹车刀　　　　图 4-10　内螺纹车刀

安装螺纹车刀时，刀尖角等于螺纹牙型角 $\alpha = 60°$，前角 $\gamma_0 = 0°$，粗加工或螺纹精度要求不高时，前角可以取 $\gamma_0 = 5° \sim 20°$。安装螺纹车刀时，刀尖对准工件中心，并用样板对刀，保证刀尖的角平分线与工件的轴线相互垂直。硬质合金螺纹车刀高速车削时，刀尖允许高于工件轴线的螺纹大径的 1%。

6. 螺纹类零件的测量量具

可运用各种测量手段检测螺纹类零件精度。常用量具有游标卡尺，千分尺，深度千分尺，螺纹塞规、环规，半径规，螺纹千分尺。

螺纹塞规、环规是检验螺纹是否符合规定的量规。螺纹塞规用于检验内螺纹，螺纹环规用于检验外螺纹。螺纹是一种重要的、常用的结构要素，主要用于结构连接、密封连接、传动和承载等场合。螺纹塞规、环规具有对螺纹各项参数如大、中、小径，螺距，牙型半角等综合检测的功能。螺纹环规用于测量外螺纹尺寸的正确性，其通端为一件，止端为一件。止端环规在外圆柱面上有凹槽。当尺寸在 100 mm 以上时，螺纹环规为双柄螺纹环规型式，规格分为粗牙、细牙、管子螺纹三种。螺距为 0.35 mm 或更小的 2 级精度及高于 2 级精度的螺纹环规和螺距为 0.8 mm 或更小的 3 级精度的螺纹环规都没有止端。

螺纹通规使用时，应留意被测螺纹公差等级及偏差代号与环规标识的公差等级、偏差代号是否相同，例如，M24×1.5-6h 与 M24×1.5-5g 两种环规形状相同，其螺纹公差带不相同，错用后就将产生批量不合格品。

测量过程：首先要清理干净被测螺纹上的油污及杂质，然后将通规与被测螺纹对正，用大拇指与食指转动环规，使其在自由状态下旋合，若通过螺纹全部长度则判断为合格，否则判断为不通过。

止规使用时，应留意被测螺纹公差等级及偏差代号与环规标识公差等级、偏差代号相同。

测量过程：首先要清理干净被测螺纹油污及杂质，然后在止规与被测螺纹对正后，用大拇指与食指滚动止规，旋入螺纹长度在2个螺距之内为合格，否则判为不合格品。

螺纹环规使用完毕后，应及时清理干净测量部位附着物，存放在指定的量具盒内。生产现场在用量具应摆放在工艺定置位置，轻拿轻放，以防止磕碰而损坏测量表面。严禁将量具作为切削工具强制旋入螺纹，避免造成量具磨损。可调节螺纹环规严禁非计量工作人员随意调整，以确保量具的正确性。环规长时间不用，应交计量管理部门妥善保管。

在用量具应每个工作日用校对塞规计量一次。经校对计量超差的塞规或者达到计量用具周检期的环规，由计量管理人员收回作相应的处理。可调节螺纹环规经调整后，测量部位会产生失圆，应由计量修复人员对螺纹磨削加工后，再次对其进行计量鉴定，各尺寸合格后方可投入使用。

螺纹千分尺具有60°锥形和V形测头，是应用螺旋副传动原理将回转运动变为直线运动的一种量具，主要用于测量外螺纹中径。螺纹千分尺按读数形式分为标尺式和数显式。

注意：

（1）螺纹千分尺的压线或离线调整与外径千分尺调整方法相同。

（2）螺纹千分尺测量时必须使用"测力装置"以恒定的测量压力进行测量。另外，在使用螺纹千分尺时应平放，使两测头的中心线与被测工件螺纹中心线相互垂直，以减小其测量误差。

7. 确定加工工艺参数

1）确定螺纹加工切削用量

（1）确定螺纹切削进给次数与背吃刀量。

螺纹切削总余量就是螺纹大径尺寸减去小径尺寸，即牙深 h 的两倍，牙深的计算方法为

$$h = 0.6495 \times P$$

式中，h 为牙深；P 为螺距。

一般采用直径编程，计算时需换算成直径量，需切除的总余量计算式如下

$$2 \times 0.6495 \times P = 1.299P$$

$$螺纹大径 = 公称直径 - 0.13P$$

$$螺纹底径 = 公称直径 - 1.08P$$

常用螺纹切削的进给次数与背吃刀量见表4-1。这是使用普通螺纹车刀车削螺纹的常用切削用量，具有一定的生产指导意义，操作者应该熟记并学会应用。

表 4-1　常用螺纹切削的进给次数与背吃刀量

螺距		1.0	1.5	2.0	2.5	3.0	3.5	4.0
牙深		0.649	0.974	1.299	1.624	1.949	2.273	2.598
背吃刀量及切削次数	1 次	0.7	0.8	0.9	1.0	1.2	1.5	1.5
	2 次	0.4	0.6	0.6	0.7	0.7	0.7	0.8
	3 次	0.2	0.4	0.6	0.6	0.6	0.6	0.6
	4 次	—	0.16	0.4	0.4	0.4	0.6	0.6
	5 次	—	—	0.1	0.4	0.4	0.4	0.4
	6 次	—	—	—	0.15	0.4	0.4	0.4
	7 次	—	—	—	—	0.2	0.2	0.4
	8 次	—	—	—	—	—	0.15	0.3
	9 次	—	—	—	—	—	—	0.2

(2) 确定螺纹车削进给量。

根据螺纹线原理,在车床上车削单头螺纹时,工件每旋转 1 周,刀具前进一个螺距。因此单头螺纹加工的进给速度一定是螺距的数值,多头螺纹的进给速度一定是导程的数值。

(3) 确定螺纹加工时主轴转速。

加工螺纹时,主轴转速如下

$$n \leqslant 1\,200/P - k$$

式中,P 为螺距,mm;k 为保险系数,一般为 80。

由于车螺纹起始时有一个加速过程,结束前有一个减速过程。在这段距离中,螺距不可能保持均匀,因此,车螺纹时两端必须设置足够的升速进刀段(空刀导入量)$\delta 1$ 和减速退刀段(空刀导出量)$\delta 2$。螺纹加工进、退刀点如图 4-11 所示。

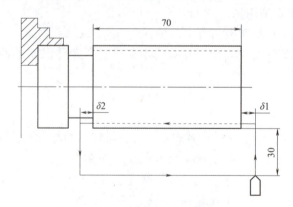

图 4-11　螺纹加工进、退刀点

$\delta 1$,$\delta 2$ 一般按下式选取

$$\delta 1 \geqslant 2 \times 导程;\delta 2 \geqslant (1 \sim 1.5) \times 导程$$

为了消除伺服滞后造成的螺距误差,切入空刀行程量,取 2~5 mm;切出空刀行程量,取 0.5~1 mm。主轴速度根据经验值取 500 r/min。

螺纹加工的特点：一般加工1根螺纹时，从粗车到精车，用同一轨迹要进行多次螺纹切削。因为螺纹切削是在主轴上的位置编码器输出1转信号时开始的，所以零件圆周上的切削点仍然是相同的，工件上的螺纹轨迹也是相同的。因此从粗车到精车，主轴转速必须保持不变，否则螺纹导程不正确。

相关知识点：

①图4-11中δ_1，δ_2有其特殊的作用，由于在螺纹切削的开始及结束部分，伺服系统存在一定程度的滞后，导致螺纹导程不规则，为了考虑这部分螺纹尺寸精度，加工螺纹时的指令要比需要的螺纹长度长（$\delta_1 + \delta_2$）。

②螺纹切削时，进给速度倍率开关无效，系统将此倍率固定在100%。

③螺纹切削进给过程中，主轴不能停。若进给停止，切入量急剧增加，会导致危险发生，因此进给暂停在螺纹切削中无效。

2）螺纹实际直径的确定

螺纹车削会引起牙尖膨胀变形，因此外螺纹的外圆应车到最小极限尺寸，内螺纹的孔应车到最大极限尺寸。螺纹加工前，加工表面的实际直径尺寸可按以下公式计算。

内螺纹加工前的内孔直径
$$D_{孔} = d - 1.082\,5P$$

外螺纹加工前的外圆直径
$$D_{外} = D - (0.1 \sim 0.216\,5)P$$

式中，d为内螺纹的公称直径；D为外螺纹的公称直径。

3）进刀方式

普通车床车螺纹时的进刀方式如图4-12所示。

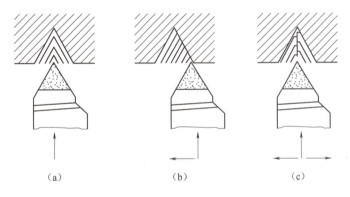

图4-12 车螺纹时的进刀方式

(a) 直进法；(b) 斜进法；(c) 左右切削法

(1) 直进法：车螺纹时，只利用中拖板的垂直进刀，在几次行程中车好螺纹。直进法车螺纹可以得到比较正确的齿形，但由于使用车刀刀尖全部切削，螺纹不易车光，并且容易产生扎刀现象，因此只适用螺距$P < 1$ mm的三角螺纹。

(2) 左右切削法：车削螺纹时，除了用中拖板刻度控制螺纹车刀的垂直吃刀外，同时使用小拖板把车刀左、右微量进给，这样重复几次切削行程。精车的最后一两刀应采用直进法微量进给，以保证螺纹牙形正确。

(3) 斜进法：在粗车时，为了操作方便，除了中拖板进给外，小拖板可先向一个方向进给（每次吃刀车右螺纹时略向左移，车左螺纹时略向右移）。精车时用左右切削法，以使螺纹的两侧面都获得较低的表面粗糙度。

在普通车床上用左右切削法和斜进法车螺纹时，因为车刀是单面切削的，所以不容易产生扎刀现象。精车时选择很低的切削速度（v_c < 5 m/min），再浇注切削液，可以获得很低的表面粗糙度。用高速钢车刀低速切削螺纹时，上述的两种进刀法都可采用。用 YT15 硬质合金螺纹车刀高速（v_c = 50 ~ 100 m/min）切削螺纹时，只能用直进法进刀，使切屑垂直于轴线方向排出或卷成球状。如果用左右进刀法，车刀只有一个刀刃参加切削，高速排出的切屑会把另外一面拉毛而影响螺纹的粗糙度。高速切削螺纹比低速切削螺纹的生产效率高 10 倍以上，但高速切削螺纹的最大困难是退刀要十分迅速，尤其是在车削具有阶台的螺纹时，要求在几十分之一秒内将刀退出工件，在车床上安装自动退刀装置即可解决这一问题。

普通车床能车削的螺纹相当有限，它只能车削等导程的直、锥面的公、英制螺纹，而且一台车床只能限定加工若干种导程。数控车床能车削增导程、减导程以及要求等导程和变导程之间平滑过渡的螺纹。数控车床车削螺纹时，主轴转向不必像普通车床那样交替变换，它可以一刀又一刀不停顿地循环，直到行程完成，所以车削螺纹的效率很高。数控车床可以配备精密螺纹切削功能，再加上采用硬质合金成形刀片，以及使用较高的转速，所以车削出来的螺纹精度高、表面粗糙度 Ra 值小。

数控机床螺纹加工常用直进法（G32，G92）和斜进法（G76）两种进刀方式。直进法一般应用于导程小于 3 mm 的螺纹加工。斜进法一般应用于导程大于 3 mm 的螺纹加工（斜进法使用刀具单侧刃加工减轻负载）。

4）进退刀点及主轴转向

根据机床刀架是前置或后置、所选用刀具是左偏刀或右偏刀，选择正确的主轴旋转方向和刀具切削进退方向。例如，右旋外螺纹加工，使用前置刀架应选择主轴正转，刀具自右向左进行加工。

8. 螺纹类零件的技术要求

螺纹类零件加工应考虑零件的尺寸精度和粗糙度 Ra 值，零件的结构形状和尺寸大小、热处理情况、材料的性能以及零件的批量等。

(1) 尺寸精度：螺纹大、中、小径，螺距，牙型半角长度，深度等。
(2) 形状精度：圆度、圆柱度及轴线的直线度。
(3) 位置精度：同轴度、平行度、垂直度。
(4) 表面质量：表面粗糙度、表面硬度等。

二、螺纹的编程指令

1. G32 螺纹切削指令

指令功能：切削加工圆柱螺纹、圆锥螺纹和平面螺纹。

指令格式：

```
G00 X_ Z_;
G32 X(U)_ Z(W)_ F_;
```

说明如下：

格式中的 $X(U)$，$Z(W)$ 为螺纹终点坐标；F 为以螺纹导程 L 给出的每转进给率；L 表示螺纹导程。对于圆锥螺纹，其斜角 $α$ 在 45°以下时，螺纹导程以 Z 轴方向指定，斜角 $α$ 在 45°~90°时，以 X 轴方向指定，如图 4-13 所示。

（1）圆柱螺纹切削加工时，X，U 值可以省略，指令格式为 G32 Z(W)_ F_;

（2）端面螺纹切削加工时，Z，W 值可以省略，指令格式为 G32 X(U)_ F_;

（3）螺纹切削应注意在两端设置足够的升速进刀段 $δ1$ 和减速退刀段 $δ2$，即在程序设计时，应将车刀的切入、切出、返回均编入程序中。

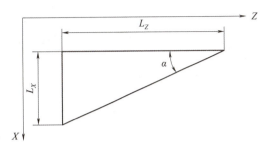

图 4-13　圆锥螺纹的导程

2. G92 螺纹切削循环指令

（1）圆柱螺纹切削循环。

指令格式：

G00 X_ Z_;
G92 X(U)_ Z(W)_ F_;

说明如下。

绝对值编程时，X，Z 为螺纹终点 C 在工件坐标系下的坐标；增量值编程时，U，W 为螺纹终点 C 相对于循环起点 A 的有向距离；F 为螺纹导程。

该指令执行图 4-14 所示 $A→B→C→D→A$ 的轨迹动作。

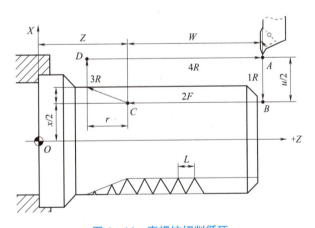

图 4-14　直螺纹切削循环

（2）锥螺纹切削循环。

指令格式：

G92 X__ Z__ R__ F__;

说明如下。

绝对值编程时，X，Z 为螺纹终点 C 在工件坐标系下的坐标；增量值编程时，U，W 为螺纹终点 C 相对于循环起点 A 的有向距离；R 为螺纹起点 B 与螺纹终点 C 的半径差，其符号为差的符号（无论是绝对值编程还是增量值编程）。F 为螺纹导程。

该指令执行图 4-15 所示 A→B→C→D→A 的轨迹动作。

（3）编程举例。

某生产厂家，要求加工 M30×2 的螺纹，如图 4-16 所示，材料为 45 钢。

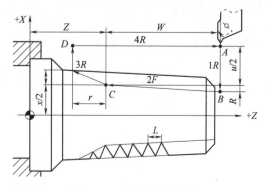

图 4-15 锥螺纹切削循环

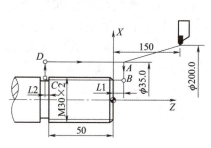

图 4-16 G92 螺纹加工

编制参考程序见表 4-2。

表 4-2 G92 螺纹加工程序

程序	程序说明
O4101；	程序号
T0303；	选择 3 号刀，设工件坐标系
M04 S500；	主轴反转，转速为 500 r/min
G00 X35.0 Z8.0 M08；	X，Z 轴快速定位到循环起点
G92 X29.1 Z-52.0 F2；	第一次车削 X 值
X28.5；	第二次车削 X 值
X27.9；	第三次车削 X 值
X27.5；	第四次车削 X 值
X27.4；	第五次车削 X 值
G00 X100.0 Z100.0；	X，Z 快速退刀，回到刀具的初始位置
M05；	主轴停止
M30；	程序结束

任务实施

对于图 4-17 中外螺纹零件选用 $\phi40$ mm×52 mm 的毛坯，对刀时一般需要手工车平零件的右端面和一小段外圆面。编制外螺纹的数控加工程序，同时根据编程过程编写说明内容。特别注意：d = 公称直径 $-0.13P = 24-0.13×1.5 = 23.805$。编制完成的数控加工参考程序见表 4-3。

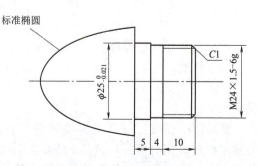

图 4-17 外螺纹椭圆轴

表 4-3　参考程序

程序	程序说明
O4102；	程序号
T0101；	选用 1 号刀具，同时使用 1 号刀确定的工件坐标系
M04 S600；	主轴以 600 r/min 的速度反转（前置刀架使用 M03）
G01 X40.0 Z3.0 F3 M08；	快速定位到循环起点，切削液开
G71 U2.0 R1.0；	粗加工外圆 ϕ23.805 mm 和 ϕ25 mm，精加工余量 1 mm
G71 P1 Q2 U1.0 W0.5 F0.2；	
N1 G42 G00 X14.805 S1200；	
G01 X23.805 F0.1；	
Z-14.0；	
X24.99；	
Z-19.0；	
N2 G40 X41.0；	
G70 P1 Q2；	精加工外圆 ϕ23.805 mm 和 ϕ25 mm
G00 X200.0 Z100.0；	快速至换刀点
T0202；	换螺纹刀
M04 S700；	主轴以 700 r/min 的速度反转
G00 X26.0 Z3.0；	快速定位到螺纹加工循环起点，分 4 层加工螺纹
G92 X23.2 Z-10.0 F1.5；	螺纹车削第一次 X 方向至 ϕ23.2 mm
X22.6；	螺纹车削第二次 X 方向至 ϕ22.6 mm
X22.2；	螺纹车削第三次 X 方向至 ϕ22.2 mm
X22.04；	螺纹车削第四次 X 方向至 ϕ22.04 mm
G00 X100.0 Z100.0；	快速退刀
M05；	主轴停转
M30；	程序结束

任务评价

对任务完成情况进行评价，并填写任务评价表 4-4。

表 4-4　任务评价表

序号	评价项目		自评			师评		
			A	B	C	A	B	C
1	程序模板制作	程序号						
		选用刀具，确定工件坐标系						
		主轴旋转						
		直线进给至指定位置						
		粗、精加工外圆						
		加工外螺纹						
		退刀						
		程序结束						
	综合评定							

扩展任务

本任务要求加工椭圆轴上的外螺纹 M30×1.5,如图 4-18 所示,材料为 45 钢。

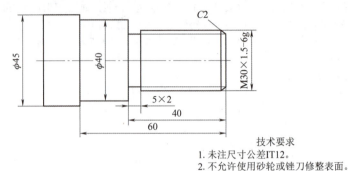

技术要求
1. 未注尺寸公差IT12。
2. 不允许使用砂轮或锉刀修整表面。

图 4-18 外螺纹椭圆轴

任务 2 螺纹编程与仿真加工

教学目标

(1) 掌握螺纹加工编程指令 G92 的用法。
(2) 了解双线螺纹类零件的结构特点和加工工艺特点。
(3) 掌握双线螺纹类零件的工艺编制步骤。
(4) 培养学生的自学能力和接受新鲜事物的能力。
(5) 培养学生精益求精的工匠精神。

任务描述

本任务要求加工双线螺纹轴上的外螺纹 M36×3/2,如图 4-19 所示,材料为 45 钢。

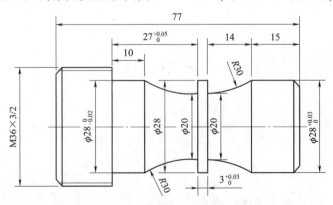

图 4-19 双线螺纹轴

> 任务目的

了解双线外螺纹编程的基本方法，会用 G92 功能指令编制多线螺纹的数控加工程序。

> 任务实施

一、工艺设计

1. 确定工艺方案

采用三爪自定心卡盘夹持 φ28 mm 外圆的左端，一次装夹完成双线螺纹加工。

2. 加工工序

（1）车右端面，保证零件总长 77 mm，加工外螺纹处外圆至 φ35.805 mm。
（2）加工双线螺纹。

3. 选用刀具

使用牙型角为 60° 的外螺纹车刀完成。

4. 切削用量

刀具切削参数见表 4-5。

表 4-5 刀具切削参数

刀具号	刀具参数	加工方法	背吃刀量/mm	主轴转速/(r·min^{-1})	进给率/(mm·r^{-1})
T0101	60°外螺纹车刀	粗车	最大为2	700	0.3
		精车	0.5	1 000	0.1
		车螺纹	最大为0.8	700	1.5

二、确定工件坐标系和对刀点

以零件右端面与回转轴线交点为工件原点，工件坐标系如图 4-20 所示。

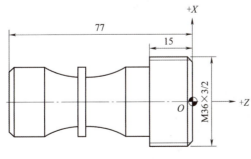

图 4-20 工件坐标系

三、程序编制

台阶轴参考程序见表 4-6。

表 4-6 台阶轴参考程序

程序	程序说明
O4201；	程序号
T0101；	选用 1 号 90°外圆车刀，建立工件坐标系
M04 S700；	主轴反转，转速 700 r/min
G01 X38.0 Z0 F3 M08；	快速进刀到端面切削起点，切削液开
G01 X-1.0 F0.1；	切端面，保证零件总长 77 mm
G00 X38.0 Z2.0；	退刀至粗车循环起点
G90 X36.8 Z-16.0 F0.3；	粗车螺纹处外圆，半径方向留 0.5 mm 精车余量
G00 X35.805 Z2.0 S1000；	快速定位至精车起点，主轴转速升至 1 000 r/min
G01 Z-16.0 F0.1；	精车螺纹大径外圆到尺寸
G00 X38.0；	X 方向退刀
Z3.0；	Z 方向退刀，到达螺纹车削循环起点，车削第一线螺纹
G92 X35.2 Z-16.0 F3；	螺纹车削第一次 X 方向至 ϕ35.2 mm
X34.6；	螺纹车削第二次 X 方向至 ϕ34.6 mm
X34.2；	螺纹车削第三次 X 方向至 ϕ34.2 mm
X34.04；	螺纹车削第四次 X 方向至 ϕ34.04 mm
G00 X38.0 Z4.5；	至第二线螺纹车削起点（Z 值与第一线螺纹相差一个螺距值）
G92 X35.2 Z-16.0 F3；	
X34.6；	
X34.2；	
X34.04；	
G00 X100.0 Z100.0 M09；	退刀，切削液停
M05；	主轴停止
M30；	程序结束

四、仿真操作

（1）打开宇龙数控仿真加工软件、选择机床。

（2）机床回零点。

（3）选择毛坯、材料、夹具、安装工件。

（4）安装刀具。

（5）对刀，建立工件坐标系。

（6）上传 NC 程序。

（7）自动加工。

（8）测量零件。

仿真螺纹刀
对刀视频

任务评价

对任务完成情况进行评价,并填写任务评价表 4 – 7。

表 4 – 7 任务评价表

序号	评价项目		自评			师评		
			A	B	C	A	B	C
1	程序模板制作	程序号						
		选用刀具,确定工件坐标系						
		主轴旋转,切削液开						
		编制粗加工程序段						
		编制精加工程序段						
		退刀,切削液关						
		程序结束						
2	仿真加工	选择机床						
		机床回零点						
		毛坯安装						
		刀具安装						
		对刀						
		上传 NC 程序						
		零件测量						
	综合评定							

扩展任务

试用 G92 固定循环指令编写图 4 – 21 双线螺纹零件加工程序。

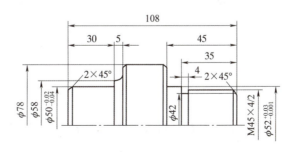

图 4 – 21 双线螺纹零件

任务 3　外螺纹零件机床加工

教学目标

(1) 掌握螺纹加工编程指令 G76 的用法。
(2) 掌握外螺纹类零件的结构特点和加工工艺特点。
(3) 掌握外螺纹类零件的工艺编制步骤。
(4) 培养学生自学能力和团队意识。
(5) 培养学生精益求精的工匠精神。

任务描述

本任务要求用 G76 指令编程切削外螺纹，螺纹轴如图 4-22 所示，材料为硬铝，其技术要求如下。

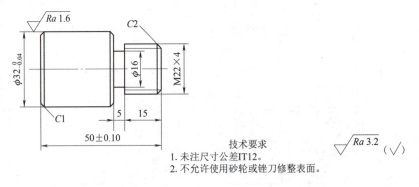

图 4-22　螺纹轴

任务目的

会用 G76 功能指令编制大螺距螺纹数控加工程序，并会使用机床加工外螺纹。

知识链接

在螺纹的加工指令中，采用 G32 指令编程时程序烦琐，G92 指令相对较简单且容易掌握，但需计算出每一刀的编程位置，而采用螺纹切削循环指令 G76，给定相应螺纹参数，只用两个程序段就可以自动完成螺纹粗、精多次路线的加工。

一、螺纹切削复合循环指令 (G76)

G76 指令用于多次自动循环车螺纹。常用于加工不带退刀槽的圆柱螺纹和圆锥螺纹，或实现单侧刀刃螺纹切削,该指令行程吃刀量逐渐减少,可保护刀具,提高螺纹精度。数控加工程序中只需指定一次,并在指令中定义好有关参数,就能自动进行分层加工。车削过程中,除第一次车削深度外,其余各次车削深度自动计算,G76 螺纹切削复合循环的切削路线如图 4-23 所示。G76 循环单边切削参数如图 4-24 所示。

指令格式:
G76 P(m)(r)(α)Q(Δd_{min})R(d);
G76 X(u)Z(w)R(i)P(k)Q(Δd)F(L);

说明如下:

m 为精加工次数(00~99),为模态值,必须是两位数,一般取 01~03;r 为退尾倒角量,为模态值,必须是两位数,介于 00~99 之间(在 0.01L~9.9L 之间,以 0.1L 为单位,即为 0.1 的整数倍,L 为螺纹导程),一般取 00~20,退尾倒角直角边实际长度为 0.1rL;α 为刀尖角,为模态值,从 80°、60°、55°、40°、30°、29°、0°七个角度中选择;Δd_{min} 为最小粗加工深度(半径值),即倒数第二刀切削深度;d 为精加工余量,即最后一刀的切削深度(用半径值);i 为螺纹两端的半径差(如 $i=0$ 为圆柱螺纹切削方式);k 为螺纹单边牙深(半径值);Δd 为第一刀切削深度(半径值);L 为螺纹导程。

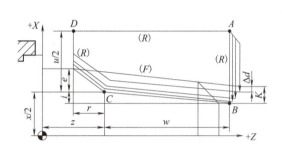

图 4-23 G76 螺纹切削复合循环的切削路线

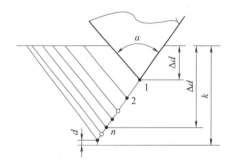

图 4-24 G76 循环单边切削参数

二、三种切螺纹指令进刀方法的比较

G32 和 G92 的直进式(径向进刀)切削方法,由于两侧刃同时工作,切削阻力较大,而且排屑困难,因此在切削时,两切削刃容易磨损。在切削螺距较大的螺纹时,由于其切削深度较大,刀刃磨损较快,从而易使螺纹中径产生误差,但其加工的牙形精度较高,一般多用于小螺距螺纹加工。由于 G32 刀具移动切削均靠编程来完成,所以加工程序比较冗长(每次进刀加工至少需要 4 个程序段,若螺纹加工时用斜线退刀,则需要 5 个程序段),一般多用于小螺距高精度螺纹的加工。由于刀刃容易磨损,因此加工中要勤测量。G92 较 G32 简化了编程指令,提高了效率。G92 一条语句相当于 G32 四条语句,使编程语句简洁。

在 G76 螺纹切削循环中,螺纹刀以斜进的方式进行螺纹切削,为单侧刃加工,加工刀刃容易磨损和损伤,使加工的螺纹面不直,刀尖角发生变化,从而造成牙型精度较差。但由于其为单侧刃工作,并且切削深度为递减式,所以刀具负载较小,排屑容易。此加工方法一般适用于大螺距低精度螺纹的加工。由于此加工方法排屑容易,刀刃加工工况较好,在螺纹精度要求不高的情况下,此加工方法更为方便。

如果需加工高精度、大螺距的螺纹,则可采用 G76,G92 混用的办法,即先用 G76 进行螺纹粗加工，再用 G92 进行精加工。需要注意的是粗、精加工时的起刀点要相同，以防止螺纹乱扣现象的产生。

三、编程举例

如图 4-25 所示，用 G76 切削圆柱螺纹，螺纹底径为 27.4 mm。G76 车削圆柱螺纹程序见表 4-8。

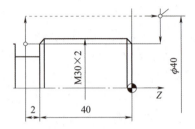

图 4-25 用 G76 车削圆柱螺纹

表 4-8 G76 车削圆柱螺纹程序

	程序说明
O4301;	程序号
T0303;	选择 3 号刀，设工件坐标系
S500 M04;	主轴反转，转速为 500 r/min
G00 X40.0 Z5.0;	X、Z 轴快速定位到循环起点
G76 P011060 Q200 R0.05;	车螺纹
G76 X27.4 Z-42.0 R0 P1299 Q450 F2.0;	螺纹高度为 1.299 mm，第一次车削深度为 0.45 mm，螺距为 2 mm
G00 X150.0 Z150.0;	退刀
M30;	程序结束

四、用 G76 加工双线圆柱三角螺纹

如图 4-26 所示，用 G76 车削双线圆柱螺纹。

零件图中的双线螺纹的标注是：M30 × 3P1.5，表示螺纹公称直径 30 mm，螺纹导程是 3 mm，螺距 1.5 mm。

程序中第一条螺纹的加工时升速段设定为 5 mm，即螺纹起点 Z 坐标设定为 Z5.0。降速段设定为 2 mm，即螺纹终点的 Z 坐标为 Z-42.0。

程序中第二条螺纹加工时应将第一条螺纹起点位置向右偏移一个螺距 1.5 mm，即螺纹起点 Z 坐标设定为 Z6.5，螺纹终点的 Z 坐标不变。G76 车削双线圆柱螺纹程序见表 4-9。

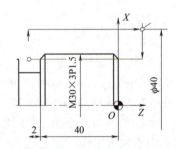

图 4-26 用 G76 车削双线圆柱螺纹

表4-9　G76车削双线圆柱螺纹程序

程序	程序说明
O4302;	程序号
T0303;	选择3号刀,设工件坐标系
S500 M04;	主轴反转,转速为500 r/min
G00 X40.0 Z5.0;	X,Z轴快速定位到循环起点
G76 P011060 Q200 R0.08;	车第一线螺纹
G76 X27.4 Z-42.0 R0 P974 Q400 F3.0;	螺纹高度为0.974 mm,第一次车削深度为0.4 mm,导程为3 mm
G00 X40.0 Z6.5;	第二线螺纹定位到循环起点
G76 P011060 Q200 R0.08;	车第二线螺纹时螺纹高度为0.974 mm,第一次车削深度为0.4 mm,导程为3 mm
G76 X27.4 Z-42.0 R0 P974 Q400 F3.0;	
G00 X150.0 Z150.0;	
M30;	程序结束

任务实施

一、工艺分析与工艺设计

1. 加工方案分析

由于毛坯为棒料,用三爪自定心卡盘夹紧定位。加工方案见表4-10。

表4-10　加工方案

工序	加工内容	加工方法	选用刀具
1	车左端面	端面车削	93°外圆车刀
2	粗、精车左端外圆长36 mm	车削循环	93°外圆车刀
3	调头切右端面,保证总长50 mm	端面车削	93°外圆车刀
4	粗、精车右端外圆	车削循环	93°外圆车刀
5	加工右端外圆槽	切槽	5 mm切槽刀
6	加工右端外螺纹	外螺纹车削	60°外螺纹刀

2. 选择刀具并确定切削用量

确定加工方案和刀具后,选择合适的刀具切削参数,见表4-11。

表4-11　刀具切削参数

刀具号	刀具参数	背吃刀量/mm	主轴转/(r·min^{-1})	进给率/(mm·r^{-1})
T0101	93°外圆车刀	3	粗车600,精车1 000	粗车0.2,精车0.1
T0202	5 mm切槽刀	—	400	0.05
T0303	60°外螺纹刀	—	300	4

二、确定工件坐标系和对刀点

加工右端时,以工件右端面圆心为工件原点,建立工件坐标系,采用手动对刀方法把右端面圆心点作为对刀点,如图4-27所示。

三、编制程序

因零件精度要求较高,加工本零件时需补偿车刀的刀具半径,使用 G71 进行粗加工,使用 G70 进行精加工。外螺纹轴右端程序见表4-12。

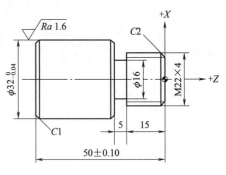

图4-27 工件坐标系

表4-12 外螺纹轴右端程序

程序	程序说明
O4303;	程序号
T0101;	选用1号刀,建立工件坐标系
M04 S600;	
G01 X35.0 Z0 F3.0 M08;	刀具快速到达切削起点,切削液开
G01 X-1.0 F0.1;	车左端面,保证总长达到图纸要求
G00 X35.0 Z2.0;	刀具快速到达粗加工循环起点
G71 U3.0 R0.5;	粗车右端螺纹及外圆槽处外圆
G71 P1 Q2 U0.5 W0.2 F0.2;	
N1 G00 G42 X15.48 S1000;	
G01 X21.48 Z-2.0 F0.1;	
Z-20.0;	
X29.98;	
X33.98 Z-22.0	
N2 G40 X34.0;	
G70 P1 Q2;	精车
G28;	
T0202;	换5 mm切槽刀
M04 S400;	
G00 X33.0 Z-20.0;	定位切槽起点
G01 X16.0 F0.05;	切槽至图纸要求
G04 X3.0;	槽底暂停3 s
X33.0 F0.5;	X方向退刀
G28;	
T0303;	换60°外螺纹刀
G01 X24.0 Z4.0 F3;	快速定位到螺纹循环切削起点
G76 P010060 Q150 R0.1;	分层循环切削螺纹
G76 X16.804 Z-17.0 P2598 Q750 F4.0;	
G28;	快速退刀
M05;	
M30;	程序结束

四、机床加工

操作过程同项目二任务 2 中表 2 – 10 的相关内容，难点是螺纹刀对刀。完成任务工单 5。

五、零件检测

1. 基本检测

（1）切削加工工艺制定是否正确。
（2）切削用量选择是否合理。
（3）程序是否简单、规范。

2. 零件的检测

（1）使用游标卡尺、螺纹规等量具对零件进行检测。
（2）在零件质量检测结果报告单上填写学生自己的检测结果。

螺纹刀对刀视频

任务评价

对任务完成情况进行评价，并填写任务评价表 4 – 13。

表 4 – 13 任务评价表

序号	评价项目		自评			师评		
			A	B	C	A	B	C
1	职业素养	工位保持清洁，物品整齐						
		着装规范整洁，佩戴安全帽						
		操作规范，爱护设备						
2	程序编制	程序号						
		选用刀具，确定工件坐标系						
		主轴旋转，切削液开						
		车端面，保证总长						
		粗、精加工外圆						
		加工螺纹						
		退刀，切削液关						
		程序结束						
3	机床加工	接通机床电源						
		毛坯安装						
		刀具安装						
		对刀（部分机床不用回参考点）						
		上传 NC 程序或手动输入程序						
		图形模拟及试运行						
		空运行及自动运行						
		零件测量						
	综合评定							

扩展任务

（1）试用 G76 循环指令编写图 4-28 双线螺纹零件加工程序。

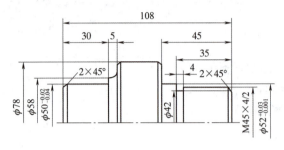

图 4-28 双线螺纹零件

（2）螺纹球面短轴零件如图 4-29 所示，请选择合适的加工方案进行编程加工。

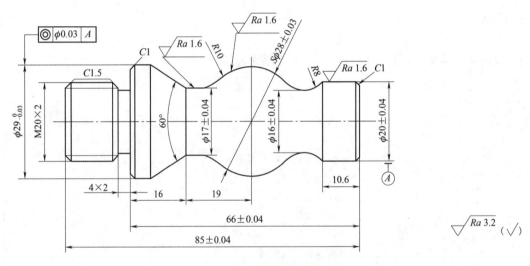

图 4-29 螺纹球面短轴零件

任务工单 5

工作任务	数控车削螺纹轴	
小组号	工作组成员	
工作时间	完成总时长	

工作任务描述		
使用螺纹指令车削螺纹轴,并切断		

小组分工	姓名	工作任务

操作过程记录单		
步骤	填写内容	说明
1. 对刀信息		
2. 编制程序		
3. 自动加工		
4. 测量		
验收评定		验收人签名

总结反思	
学习收获	
创新改进	
问题反思	

总结反思	
学习收获	
创新改进	
问题反思	

项目五　FANUC－0i 系统曲面轴编程与加工

任务1　外圆弧面编程

教学目标

（1）掌握 G02，G03，G70，G71 等指令的用法。
（2）掌握圆弧顺、逆方向的判断方法。
（3）学会切削用量的合理选用。
（4）培养学生的爱国情怀、责任与担当。
（5）培养学生团结协作的精神。

任务描述

本任务要求运用数控车床加工如图 5－1 所示的轴类零件，毛坯为 φ40 mm 棒料，材料为 45 钢。

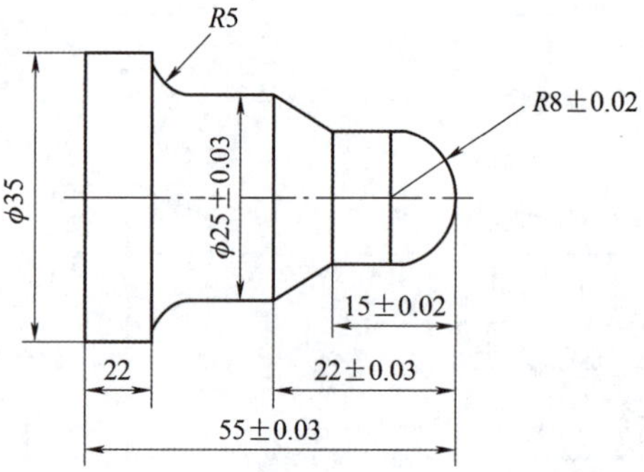

任务目的

（1）掌握圆弧的顺、逆方向的判断方法。
（2）掌握 G02，G03 指令的用法。

图 5－1　带圆弧面的轴类零件

知识链接

一、圆弧方向

G02，G03 指令用于指定圆弧插补。其中，G02 表示顺时针圆弧（简称顺圆弧）插补；G03 表示逆时针圆弧（简称逆圆弧）插补。

圆弧插补的顺逆方向的判断方法是向着垂直于圆弧所在平面（如 ZX 平面）的另一坐标轴（如 Y 轴）的负方向看，其顺时针方向圆弧为 G02，逆时

圆弧面方向讲解视频

针方向圆弧为 G03。在判断车削加工中各圆弧的顺逆方向时，一定要注意刀架的位置及 Y 轴的方向，如图 5-2 所示。

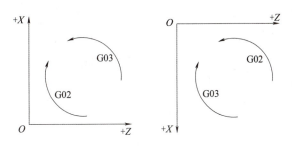

图 5-2 圆弧顺、逆方向判断

二、圆弧插补 G02、G03 指令

指令格式

G02/03 X_ Z_ R_ F_;

或

G02/03 X_ Z_ I_ K_ F_;

圆弧面指令
格式讲解视频

图 5-3（a）所示为逆时针圆弧插补；图 5-3（b）所示为顺时针圆弧插补。

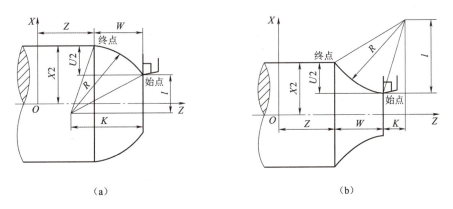

(a)   (b)

图 5-3 圆弧插补

(a) 逆时针圆弧插补；(b) 顺时针圆弧插补

说明如下。

G02 表示刀具在圆弧轨迹上以顺时针方向运行；G03 表示刀具在圆弧轨迹上以逆时针方向运行；X，Z 表示直角坐标系中的圆弧终点坐标；I，K 表示为圆弧的起点相对其圆心在 X，Z 坐标轴上的增量值，图 5-4 所示圆弧在编程时的 I，K 值均为负值。

2) R 圆弧正负值的确定

圆弧半径 R 有正值与负值之分。当圆弧圆心角小于或等于 180°时，程序中的 R 用正值表示，反之则用负值表示，通常情况下，数控车床所加工圆弧的圆心角一般小于 180°。

在图 5-5 中，当圆弧 AB（1）的圆心角小于 180°时，R 用正值表示。当圆弧 AB（2）的圆心角大于 180°并小于 360°时，R 用负值表示。

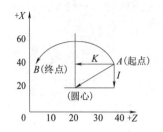
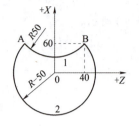

图 5-4 圆弧编程中的 I, K 值　　图 5-5 圆弧半径正、负值的判断

编程举例,如图 5-6 所示,走刀路线为 A→B→C→D→E→F,试分别用绝对方式和增量方式编程。

绝对编程:

G03 X34 Z-4.0 K-4.0(或 R4.0)F0.2　　A→B
G01 Z-20.0　　B→C
G02 Z-40.0 R20.0　　C→D
G01 Z-58.0　　D→E
G02 X50.0 Z-66.0 I8.0(或 R8.0)　　E→F

增量编程:

G03 U8.0 W-4.0 k-4.0(或 R4.0)F0.2　　A→B
G01 W-16.0　　B→C
G02 W-20.0 R20.0　　C→D
G01 W-18.0　　D→E
G02 U16.0 W-8.0 I8.0(或 R8.0)　　E→F

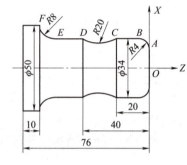

图 5-6 零件图

任务实施

一、工艺分析与工艺设计

1. 图样分析

图 5-1 所示零件由圆柱面和圆弧面组成,零件的尺寸精度要求一般。

2. 加工工艺路线设计

由于毛坯为棒料,用三爪自定心卡盘夹紧定位。

3. 加工工艺路线设计

(1) 车端面。
(2) 粗车 $\phi 35$ mm 外圆,直径单边留余量 0.5 mm。
(3) 精车 $\phi 35$ mm 外圆至尺寸要求。
(4) 调头车端面。
(5) 粗车右端各表面,留精车余量 0.5 mm。
(6) 精车右端各表面至尺寸要求。

4. 选择机床设备

运用数控车床完成该零件的加工。

5. 刀具选择

90°外圆车刀 T0101 用于粗、精车外圆。

二、确定切削用量

确定加工方案和刀具后，选择合适的刀具切削参数，见表 5-1。

表 5-1　刀具切削参数表

刀具号	刀具参数	背吃刀量/mm	主轴转速/（r·min^{-1}）	进给率/（mm·r^{-1}）
T0101	90°外圆车刀	3	600	粗车 0.2，精车 0.1

三、确定工件坐标系和对刀点

以工件右端面圆心为工件原点，建立工件坐标系，采用手动对刀方法把右端面圆心点作为对刀点，如图 5-7 所示。

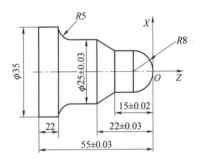

图 5-7　工件坐标系

四、程序编制

因零件精度要求较高，加工本零件时采用车刀的刀具半径补偿，使用 G71 进行粗加工，使用 G70 进行精加工。程序如表 5-2、表 5-3 所示。

表 5-2　带圆弧面的轴左端参考程序

程序	程序说明
O4041；	程序号
N10 T0101；	换 90°外圆车刀
N20 M04 S600；	主轴反转
N30 G00 X40.0 Z0；	快速到达端面
N40 G01 X-1.0 F0.1；	切端面
N50 G00 X42.0 Z2.0；	循环起点
N60 G90 X36.0 Z-21.0 F0.2；	粗车循环
N70 G90 X35.0 S900 F0.1；	精车循环
N80 G00 X50.0；	快速退刀
N90 G00 Z50.0	
N100 M05；	主轴停止
N110 M30；	程序结束

表 5-3 带圆弧面的轴右端参考程序

程序	程序说明
O4042；	程序号
T0101；	换 80°外圆车刀
M04 S600；	
G00 X37.0 Z0；	端面
G01 X-1.0 F0.1；	切端面
G00 Z2.；	退刀
G00 X40.0；	循环起点
G71 U2.5 R0.5；	粗车循环
G71 P1 Q2 U0.5 W0.1 F0.2；	
N1 G00 G42 X0 S1200；	建立车刀的刀具半径右补偿
G01 Z0 F0.1；	到原点
G03 X16.0 Z-8.0 R8.0 F0.1；	切 R8 圆弧
G01 Z-15.0；	加工圆柱面
X25.0 Z-22.0；	加工锥面
W-6.0；	加工圆柱面
G02 X35.0 Z-33.0 R5.0；	加工 R5 圆弧
N2 G40 G01 X38.0；	取消刀补
G00 X50.0 Z50.0；	到换刀点
T0202；	换精车刀
G00 X37.0 Z2.0；	精车循环起点
G70 P1 Q2；	精车循环
G00 X100.0 Z100.0；	退到安全点
M05；	主轴停止
M30；	程序结束

五、仿真操作

步骤同项目二任务 2 中表 2-10 的相关内容。

六、机床加工

步骤同项目二任务 2 中表 2-11 的相关内容。

任务评价

对任务完成情况进行评价，并填写任务评价表 5-4。

表 5-4 任务评价表

序号	评价项目		自评			师评		
			A	B	C	A	B	C
1	职业素养	工位保持清洁，物品整齐						
		着装规范整洁，佩戴安全帽						
		操作规范，爱护设备						
2	编程准备	刀具选择						
		进刀点确定						
		切削用量选择						
		进给路线确定						
		退刀点确定						
3	程序编制	程序开头部分设定						
		圆弧插补等加工部分						
		退刀及程序结束部分						
4	程序验证	仿真软件验证数控程序						
5	机床加工	零件尺寸合格程度						
	综合评定							

扩展任务

编写图 5-8 所示零件的加工程序。

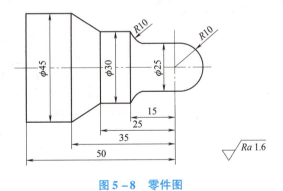

图 5-8 零件图

任务 2　复杂曲面轴编程与加工

教学目标

（1）掌握 G70，G73 等指令的用法。
（2）掌握指令循环起点的设定。
（3）掌握指令切削用量的合理选用方法。
（4）培养学生爱国情怀、责任与担当。
（5）培养学生团结协作的精神。

任务描述

加工一批图 5-9 所示复杂曲面轴类零件，毛坯为 ϕ25 mm 棒料，材料为 45 钢，分析零件组成，选择合适的数控机床加工。

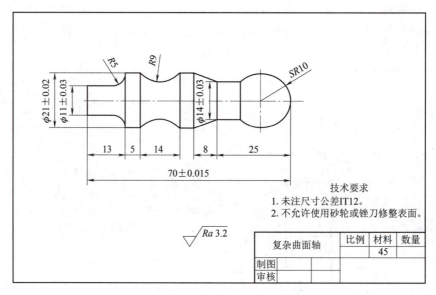

图 5-9　复杂曲面轴类零件

任务目的

（1）掌握 G73，G70 指令的用法。
（2）掌握指令切削用量的合理选用方法。

> 知识链接

一、复杂零件特点

在机械加工中，一些结构复杂的零件加工工艺非常复杂的，有时还要求操作者在最短的时间内完成加工。对于使用难加工材料的工件，工艺难度更是加大。为此，制造厂家不断寻求更加经济有效的方法来加工复杂零件，包括车削零件。先进的 CNC 机床已经能够编程处理几乎所有可想象的刀具轨迹。但是当刀具沿着这些轨迹运动时，其与零件之间的关系（切入角、进给量、切削速度和深度）发生着持续变化。所以，解决上述问题的关键在于以最有效和经济的方式车削复杂零件。

二、选择刀片几何形状

车削一个复杂零件，最基本的要求是切削刃能够进入零件廓形所在的区域。这要求选择适当的刀片形状、主偏角、副偏角、前角和后角。当选择刀片形状时，关键是考虑刀片的强度。其中，圆刀片的强度最高。对非圆形刀片，刀尖角越大，其强度越高。仿形车削通常使用 35°或 55°的菱形刀片。刀杆的选择实际上由所要求切入的轨迹来决定，如果需要进行复杂的仿形车削，则可选安装菱形刀片的 J 形刀杆，这样可形成较大的后角。

刀片的刀尖角和主偏角一起决定着刀具能否进入工件轮廓。工件和刀片主切削刃之间的间隙、副后刀面及其下半部分的后角至关重要。依靠经验来判定刀具能否进入工件及其相关的后角，不仅费时，而且不够精确。现在可以通过 CAD 作图和切削模拟软件在计算机显示屏上进行模拟切削。

三、编程数学处理

编程原点选定后，就应把各点的尺寸换算成以编程原点为基准的坐标值。为了在加工过程中有效控制尺寸公差，应按尺寸公差的中值来计算坐标值。

另外，AutoCAD 的几何计算器在手工编程的数学处理中也十分有用。和普通的计算器一样，几何计算器可以完成加、减、乘、除以及三角函数的运算，计算的结果可以直接作为命令的参数使用。和一般计算器不同的是，AutoCAD 几何计算器还可以做几何运算。它既可以直接对各坐标点的坐标值进行运算，也可以使用 AutoCAD 的 OSNAP 模式捕捉屏幕上的坐标点来参与运算，还可以自动计算几何坐标点等。对于一些在图中没有直接画出来的点，要求其坐标值时，就可以利用 AutoCAD 的几何计算器来进行计算。

四、复杂零件编程指令

1. 封闭切削循环（G73）

所谓封闭切削循环就是按照一定的切削形状逐渐接近最终形状的切削方式。这种方式对于切削铸造或锻造毛坯效率很高。G73 循环方式如图 5-10 所示。

G73 指令格式
讲解视频

指令格式：

G73 U(i) W(k) R(d);

G73 P(ns) Q(nf) U(Δu) W(Δw) F(f) S(s) T(t);

说明如下。

i 为 X 方向毛坯切除余量（半径值）；k 为 Z 方向毛坯切除余量；d 为重复加工次数；ns 为精加工路线第一个程序段的顺序号；nf 为精加工路线最后一个程序段的顺序号；Δu 为 X 方向的精加工余量（直径值）；Δw 为 Z 方向的精加工余量。

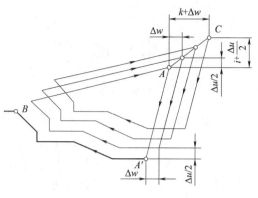

图 5-10　G73 循环方式

2. G73 指令提示

（1）固定形状切削复合循环指令的特点如下。

①刀具轨迹平行于工件的轮廓，故适合加工铸造或锻造成型的坯料。

②背吃刀量分别通过 X 轴方向切除余量 Δi 和 Z 轴方向切除余量 Δk 除以循环次数 d 求得。

③切除余量 Δi 与 Δk 值的设定与工件的切削深度有关。

（2）使用固定形状切削复合循环指令，首先要确定换刀点、循环点 A、切削始点 A' 和切削终点 B 的坐标位置。分析图 5-10，A 点为循环点，A'→B 是工件的轮廓线，A→A'→B 为刀具的精加工路线，粗加工时刀具从 A 点后退至 C 点，后退距离分别为 $i+Δu/2$，$k+Δw$，这样粗加工循环之后自动留出精加工余量 Δu/2，Δw。

（3）顺序号 ns 至 nf 之间的程序段描述刀具切削加工的路线。G73 指令精加工路线应封闭。

（4）G73 与 G71 一样，只有 G73 程序段中的 F，S，T 有效。

（5）用 G71，G73 指令粗加工完毕后，可用 G70 精加工循环指令，使刀具进行 A→A'→B 的精加工。

（6）G73 指令用于棒料切削加工时，会有较多的空刀行程，因此应尽可能使用 G71 或 G72 切除余量。

3. G71，G73 指令比较

（1）G71 及 G73 指令均为粗加工循环指令，G71 指令主要用于棒料毛坯，G73 指令主要用于加工毛坯余量均匀的铸造或锻造成型工件。G71 及 G73 指令的选择原则主要看余量的大小及分布情况。G71 指令精加工轨迹必须符合 X，Z 轴方向的共同单调增大或是减小模式，也就是说，G71 指令不能完成对产品的凸凹面加工，而 G73 指令能够完成。

（2）G71 指令编程走刀轨迹时需要注意一系列问题。例如，精加工轨迹必须符合 X，Z 轴方向共同单调增大或是减小模式，精加工轨迹起始段可含有 G00 或 G01 指令，但不能含有 Z 轴移动指令。G73 指令编程走刀时则无须考虑以上问题。

4. G73 指令应用举例

应用 G73 指令加工如图 5-11 所示的零件。

加工中等复杂轴右端参考程序见表 5-5。

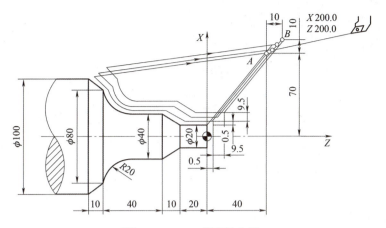

图 5-11　G73 指令的应用

表 5-5　加工中等复杂轴右端参考程序

程序	程序说明
O5301；	程序号
N10 T0101；	换 1 号刀
N20 M04　S600；	
N30 G00　X140.0　Z40.0　M08；	定位
N40 G73　U9.5　W9.5　R3；	粗车循环
N50 G73　P60　Q130　U0.5　W0.1　F0.2；	
N60 G00　G42 X20.0	(ns) 建立刀具右补偿
N70 G01 Z0 F0.1；	
N80 G01　Z-20.0；	
N90 X40　Z-30.0；	
N100 Z-50.0；	
N110 G02　X80.0　Z-70.0　R20.0；	
N120 G01　X100.0　Z-80.0；	
N130 G40 X105.0；	
N140 G70 P70 Q140；	(nf) 取消刀补
N150 G00　X200.0　Z200.0　T0100；	精车循环
N160 M05 M30；	

任务实施

一、工艺分析与工艺设计

1. 图样分析

图 5-9 所示零件由球面、圆弧表面、圆柱面和圆锥面组成，零件的尺寸精度和表面粗糙度要求较高。从右至左，零件的外径尺寸有时增大，有时减小。

项目五　FANUC-0i 系统曲面轴编程与加工　135

2. 复杂成形面加工方案见表 5-6。

(1) 粗、精车各左端面。
(2) 调头装夹左端，粗、精车右端各表面。

表 5-6 复杂成形面加工方案

工序	加工内容	加工方法	选用刀具
1	粗、精加工左端外径 φ11 mm 和 φ21 mm 段	粗车，精车	90°外圆车刀
2	调头装夹左端，粗、精车右端各表面	粗车，精车	35°外圆车刀

二、刀具选择

选用右偏机夹刀（安装 60°尖刀片）和切断刀。刀具切削参数见表 5-7。

表 5-7 刀具切削参数表

刀具号	刀具参数	背吃刀量/mm	主轴转速/（r·min^{-1}）	进给率/（mm·r^{-1}）
T0101	90°外圆车刀	3	粗车 600，精车 900	粗车 0.2，精车 0.1
T0202	35°外圆车刀	3	粗车 600，精车 900	粗车 0.2，精车 0.1

三、确定工件坐标系和对刀点

以工件右端面球面顶点为工件原点，建立工件坐标系，采用手动对刀方法把右端面球面顶点作为对刀点，如图 5-12 所示。

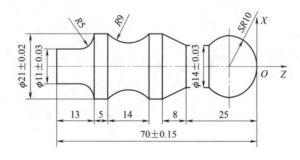

图 5-12 工件坐标系

四、程序编制

因零件精度要求较高，左端可以使用 G71 进行粗加工，使用 G70 进行精加工。右端可以使用 G73 进行粗加工，使用 G70 进行精加工。加工复杂曲面轴左端参考程序见表 5-8，加工右端参考程序见表 5-9。

表 5-8　加工复杂曲面轴左端参考程序

程序	程序说明
O5302；	程序号
T0101；	换 1 号刀
M04　S600；	
G00　X28.0　Z0；	定位
G01　X-1.0　F0.1；	车端面
G00　X28.0　Z2.0；	循环起点
G71　U3.0　R0.5；	粗车循环
G71　P1　Q2　U0.5　W0.1　F0.2；	
N1　G00　G42　X11.0　S900；	循环起点，建立刀具右补偿
G01　Z-8.0　F0.1；	
G02　X21.0　Z-13.0　R5.0；	
G01　Z-19.0；	
N2　G01　X23.0；	精加工路线最后一个程序段
G70　P1　Q2；	精车循环
G00　X50.0　Z50.0；	退刀
M05；	主轴停转
M30；	程序结束

表 5-9　加工复杂曲面轴右端参考程序

程序	程序说明
O5303；	程序号
T0202；	换 2 号刀
M04　S600；	
G00　X30.0　Z0；	定位
G01　X-1.0　F0.1；	车端面
G00　X28.0　Z2.0；	循环起点
G73　U7.0　W1.0　R5；	粗车循环
G73　P1　Q2　U0.5　W0.1　F0.2；	
N1　G00　G42　X0　Z0　S900；	循环起点，建立刀具右补偿
G03　X14.0　Z-17.141　R10.0；	
G01　Z-25.0；	
G01　X21.0　W-8.0；	
W-5.0；	
G02　X21.0　W-14.0　R9.0；	
N2　G40　G01　X21.0；	精加工路线最后一个程序段
G70　P1　Q2；	精车循环
G00　X50.0　Z50.0；	退刀
M05；	主轴停转
M30；	程序结束

五、仿真操作

步骤同项目二任务2中表2-10的相关内容。

六、机床加工

步骤同项目二任务2中表2-11的相关内容。

任务评价

对任务完成情况进行评价，并填写任务评价表5-10。

表5-10　任务评价表

序号	评价项目		自评			师评		
			A	B	C	A	B	C
1	职业素养	工位保持清洁，物品整齐						
		着装规范整洁，佩戴安全帽						
		操作规范，爱护设备						
2	编程准备	刀具选择						
		进刀点确定						
		切削用量选择						
		进给路线确定						
		退刀点确定						
3	程序编制	程序开头部分设定						
		圆弧插补等加工部分						
		退刀及程序结束部分						
4	程序验证	仿真软件验证数控程序						
5	机床加工	零件尺寸合格程度						
	综合评定							

扩展任务

编写如图5-13所示零件的加工程序。

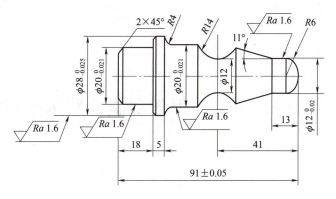

图 5–13 零件

项目六　FANUC−0i 系统盘类零件编程与加工

任务 1　简单盘类零件编程与加工

教学目标

(1) 掌握 G94 指令的应用。
(2) 掌握盘类零件的数控车削加工工艺分析的基本方法。
(3) 掌握盘类零件刀具、夹具的选择及使用的基本方法。
(4) 掌握切削用量的选择方法。
(5) 培养学生的爱国情怀、责任与担当。
(6) 培养学生团结协作的精神。

任务描述

加工一批小齿轮零件（见图 6−1），材料为 40Cr 合金钢，使用锻造毛坯，尺寸为 $\phi94$ mm×45 mm。现在齿坯内孔及左右端面已经粗加工到尺寸，大端外圆 $\phi84h9$ 已加工到 $\phi84.8$ mm，直径上留精加工余量 0.4 mm。请编写齿坯小端外圆 $\phi46$ mm 的粗加工程序，直径上留精加工余量 0.4 mm；分析零件组成，并选择合适的数控机床加工。

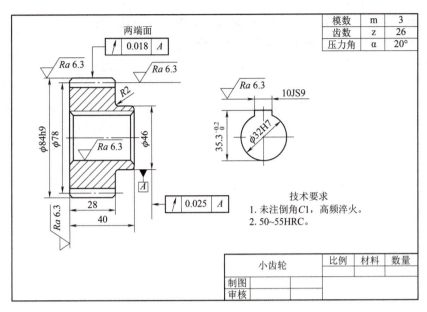

图 6-1 小齿轮

任务目的

（1）能够熟练进行工件及刀具安装，并能够对工件进行找正。
（2）能够熟练进行数控车床对刀操作。
（3）能够熟练使用量具进行零件检测。
（4）能够正确运用仿真软件调试程序。
（5）能够正确操作数控车床对盘套类零件进行切削加工。
（6）能够遵守安全操作规程，按照职业道德及文明生产的要求开展加工工作。

知识链接

编程指令

盘套类零件的编程指令主要有基本插补指令（G01，G02，G03）、单一固定循环指令（G90，G94）和复杂固定循环指令（G71，G72，G73，G70，G74，G75）等。

外圆车削循环（G90）、外圆粗切削循环（G71）、精加工循环（G70）都可用于盘套类零件的外圆及内孔的加工。端面车削循环指令（G94）既可用于加工平端面，也可用于加工圆锥面。下面主要介绍 G94 指令。

1. 平端面切削循环 G94

指令格式：

G94 X(U)_ Z(W)_ F_ ;

说明如下：

指令功能为执行 A→B→C→D→A 的轨迹动作,进行切削加工,如图 6-2 所示。其中,X、Z 为绝对编程时,切削终点 C 的坐标值;U、W 为相对编程时,切削终点 C 相对于循环起点 A 的增量值;F 为进给速度。

G94 讲解视频

G94 指令主要用于直径相差较大而轴向台阶长度较短的盘类零件端面的切削,若用 G01 或 G90 指令编程,则走刀次数太多。G94 的特点是利用刀具的端面切削刃作为主切削刃,以车端面的方式进行循环加工。G94 与 G90 的区别在于 G90 是在工件径向做分层粗加工,而 G94 是在工件的轴向做分层粗加工。

例 6-1 用 G94 指令加工如图 6-3 所示的平端面,参考程序如下。

```
O6101;
T0101;
M04 S800;
G00 X65.0 Z21.0;              循环起点
G94 X50.0 Z16.0 F0.3;         第一次循环,刀具路径为 A→B→C→D→A
Z13.0;                         第二次循环,刀具路径为 A→E→F→D→A
Z10.0;                         第三次循环,刀具路径为 A→G→H→D→A
M05;
M30;
```

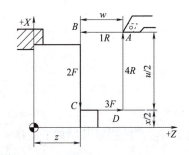

图 6-2 G94 端平面切削循环
A—循环起点;B—切削起点;C—切削终点;D—退刀点

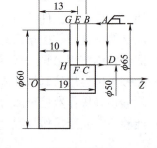

图 6-3 平端面切削循环 G94 示例

在执行上述程序段时,刀具实际运动路线不是一条直线,而是一条折线。因此,在使用 G00 指令时,要注意刀具是否与工件和夹具发生干涉,对不适合联动的场合,两轴可分别运动。

2. 锥度端面切削循环指令 G94

指令格式:

G94 X(U)_ Z(W)_ R_ F_;

说明如下。

指令功能为执行 A→B→C→D→A 的轨迹动作,进行切削加工,如图 6-4 所示。其中,X、Z 为绝对编程时,切削终点 C 的坐标值;U、W 为增量编程时,切削终点 C 相对于循环起点 A 的增量值;R 为切削起点 B 相对于切削终点 C 在 Z 向的增量值;F 为进给速度。

G94 和 G90 加工锥度时,在编程方向和走刀方向上有所区别。G94 是在工件的端面上加工出斜面,而 G90 是在工件的外圆上加工出斜面。

例 6-2 图 6-5 所示为 G94 锥面切削循环示例,参考程序如下。

```
O6102;
T0101;
M04 S800;
G00 X62.0 Z35.0;              循环起点
G94 X15.0 Z33.48 R-3.48 F0.2; 第一次循环,刀具路径为:A→B→C→D→A
Z31.48 R-3.48;                第二次循环,刀具路径为:A→E→F→D→A
Z28.78 R-3.48;                第三次循环,刀具路径为:A→G→H→D→A
M05;
M30;
```

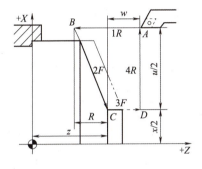
图 6-4 G94 锥面切削循环

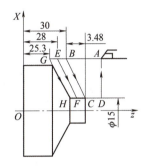
图 6-5 G94 锥面切削循环示例

注意:一般在固定循环切削过程中,M,S,T 等功能都不能变更,如果有必要变更,必须在 G00 或 G01 指令下变更,然后再指令固定循环。在增量编程中,G94 锥面切削循环中 U,W,R 与刀具轨迹之间的关系见表 6-1。

表 6-1 G94 锥面切削循环中 U,W,R 与刀具轨迹之间的关系

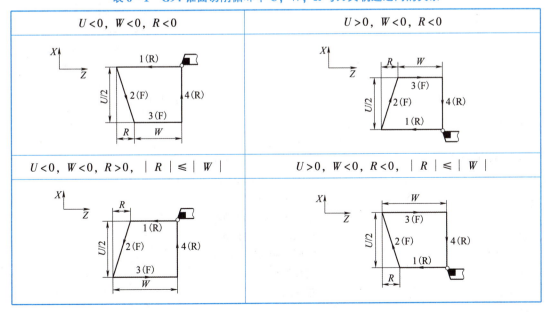

任务实施

一、确定加工方案和切削用量

已知小齿轮零件材料为 40Cr 合金钢,毛坯尺寸为 φ94 mm×45 mm。采用外圆车刀加工外圆 φ46.8 mm,长度方向保证尺寸 28 mm。该零件加工方案见表 6-2。

表 6-2 零件加工方案

工序	加工内容	加工方法	选用刀具
1	φ46 mm 外圆	粗车	外圆车刀

确定加工方案和刀具后,要选择合适的刀具切削参数,见表 6-3。

表 6-3 刀具切削参数

刀具号	刀具参数	主轴转速/(r·min^{-1})	进给率/(mm·r^{-1})	切削深度/mm
T01	外圆车刀	600	0.5	3

二、工件坐标系建立

以齿坯小端中心为原点建立工件坐标系,采用 G94 平端面切削循环指令编程,循环起点为 A(90.8,3)。每次切削深度为 3 mm,经 4 次循环完成加工,如图 6-6 所示。

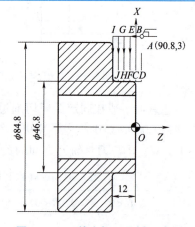

图 6-6 工件坐标系及循环路径

三、编写加工程序

加工程序见表 6-4。

表 6-4 加工程序

程序	程序说明
O6103;	程序号
T0101;	换 1 号刀
M04 S600;	主轴反转,转速 600 r/min
G00 X90.8 Z3.0;	快速定位到循环起点 A(90.8,3)
G94 X46.8 Z-3.0 F0.5;	第一次端面切削循环
Z-6.0;	第二次端面切削循环
Z-9.0;	第三次端面切削循环
Z-12.0;	第四次端面切削循环
M05;	主轴停转
M30;	程序结束

四、仿真操作

步骤同项目二任务 2 中表 2-10 的相关内容。

五、机床加工

步骤同项目二任务 2 中表 2-11 的相关内容。完成任务工单 6。

任务评价

对任务完成情况进行评价，并填写任务评价表 6-5。

表 6-5 任务评价表

序号	评价项目	评价项目	自评			师评		
			A	B	C	A	B	C
1	职业素养	工位保持清洁，物品整齐						
		着装规范整洁，佩戴安全帽						
		操作规范，爱护设备						
2	编程准备	刀具选择						
		进刀点确定						
		切削用量选择						
		进给路线确定						
		退刀点确定						
3	程序编制	程序开头部分设定						
		端面车削等加工部分						
		退刀及程序结束部分						
4	程序验证	仿真软件验证数控程序						
5	机床加工	零件尺寸合格程度						
	综合评定							

扩展任务

编写图 6-7 所示内锥套零件外表面的加工程序。毛坯为 $\phi 85 \text{ mm} \times 48 \text{ mm}$，材料为 45 钢。

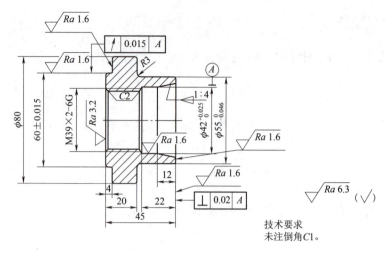

图 6-7 内锥套

技术要求
未注倒角C1。

任务工单 6

工作任务	数控车削端面至总长		
小组号		工作组成员	
工作时间		完成总时长	
工作任务描述			

使用 G94 切端面至总长

小组分工	姓名	工作任务

续表

操作过程记录单		
步骤	填写内容	说明
1. 对刀信息		
2. 编制程序		
3. 自动加工		
4. 测量		
验收评定		验收人签名
总结反思		
学习收获		
创新改进		
问题反思		

任务2　复杂盘类零件编程与加工

教学目标

(1) 掌握 G72 指令的应用。
(2) 掌握复杂盘类零件的数控车削加工工艺分析的基本方法。
(3) 掌握复杂盘类零件刀具、夹具的选择及使用的基本方法。
(4) 掌握切削用量的选择方法。
(5) 培养学生爱国情怀，责任与担当。
(6) 培养学生团结协作的精神。

任务描述

本任务要求运用数控车床加工图 6-8 所示的定位套零件，材料为 45 钢，毛坯尺寸为 $\phi 85$ mm × 35 mm，无热处理要求，表面粗糙度均为 $Ra3.2$ μm，内孔已加工好。请编制外表面的数控加工程序，分析零件组成，选择合适的数控机床加工。

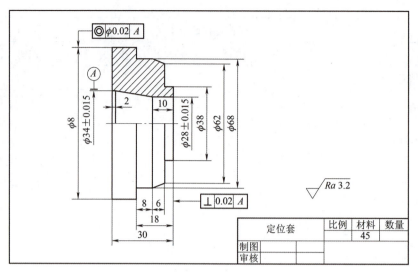

图 6-8 定位套

任务目的

（1）能够熟练进行工件及刀具的安装，并能够对工件进行找正。
（2）能够熟练进行数控车床的对刀操作。
（3）能够熟练使用量具检测零件。
（4）能够正确运用仿真软件调试程序。
（5）能够正确操作数控车床对盘套类零件进行切削加工。
（6）能够遵守安全操作规程，按照职业道德及文明生产的要求开展加工工作。

知识链接

一、端面切削刀具

车削端面，包括台阶端面的车削，可以使用偏刀进行加工。偏刀车削可采用较大背吃刀量，切削顺畅且表面光洁，而且大、小端面均可车削。90°左偏刀从外向工件中心进给车削端面，适用于加工尺寸较小的端面；90°左偏刀从工件中心向外进给车削端面，适用于加工工件中心带孔的端面；右偏刀刀头强度较高，适用于车削较大端面，尤其适用于铸锻件较大端面的加工。

二、软爪

软爪是一种夹具。当需成批加工某一工件时，为了提高三爪自定心卡盘的定心精度，可以采用软爪结构，即将黄铜或软钢焊在三个卡爪上，然后根据工件形状和直径把三个软爪的夹持部分直接在车床上车出来（定心误差只有 0.01~0.02 mm）。软爪是在使用前配合被加工工件特别制造的，如加工成圆弧面、圆锥面或螺纹等形式，可获得理想的夹持精度。

三、端面粗车复合循环 G72

G72 指令格式讲解视频

对于复杂盘套类零件，为提高编程效率，常用到多重复合循环指令 G70，G71，G72，G73，G74，G75，G76 等。运用这组指令，编程时只需指定精加工路线、径向轴向精加工留量和粗加工背吃刀量，系统会自动计算出粗加工路线和加工次数，免去了采用简单编程指令时的人工计算，因此编程效率更高。

端面粗车循环指令 G72 的含义与 G71 类似，不同之处是刀具平行于 X 轴方向切削，它是从外径往轴心方向以端面切削的形式进行外形循环加工，适于对大小径之差较大而长度较短的盘套类工件的复杂端面进行粗车。G72 指令的精加工编程路线与 G71 外形加工相反，与习惯编程思维有区别，编程切削路线应自左向右，自大到小。

指令格式：

G72 W(Δd) R(e);
G72 P(ns) Q(nf) U(Δu) W(Δw) F(f) S(s) T(t);

说明如下。

指令功能为按图 6-9 所示端面粗车复合循环 G72 的轨迹动作执行，进行轴向分层切削加工。

其中，Δd 为每次循环 Z 向的吃刀深度，取正值；e 为每次切削退刀量；ns 为精加工路线中第一个程序段的顺序号；nf 为精加工路线中最后一个程序段的顺序号；Δu 为 X 方向精加工余量，直径编程时为 Δu，半径编程为 Δu/2；Δw 为 Z 方向精加工余量；f，s，t 为分别是粗车时的进给量、主轴转速、刀具功能。

注意：

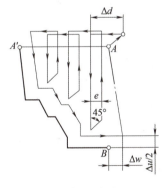

图 6-9 端面粗车复合循环 G72

（1）循环起点应选择接近工件端的安全处，以缩短刀具行程，避免空切削。粗加工循环起点选择在距离毛坯右端径向与轴向各 5 mm 处，精加工循环起点径向选择距离工件最大直径处 5 mm，轴向选择距离工件右端 5 mm 处。

（2）在使用 G72 进行粗加工时，只有含在 G72 程序段中的 F，S，T 功能才有效，而包含在 ns 至 nf 程序段中的 F，S，T 指令对粗车循环无效。

（3）在顺序号为 ns 的程序段中，必须使用 G00 或 G01 指令。

（4）在 ns 程序段中不能有 X 方向的移动指令。

（5）处于 ns 到 nf 程序段之间的精加工程序不应包含有子程序。

（6）零件轮廓必须符合 X，Z 轴方向同时单调增大或单调减小。

例 6-3 编制图 6-10 所示端面精车复合循环程序，其中双点画线部分为工件毛坯，毛坯尺寸为 φ74 mm×70 mm，材料为 45 钢，无热处理要求，表面粗糙度为 Ra3.2 μm。要求切削深度为 1.2 mm，退刀量为 1 mm，X 方向精加工余量为 0.2 mm，Z 方向精加工余量为 0.5 mm。

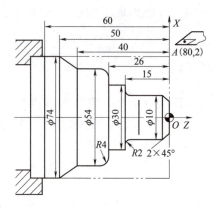

图 6-10 端面粗车复合循环 G72 实例

工件坐标系原点设置在右端面中心，循环起始点在 A（80，2），参考程序见表 6-6。

表 6-6 参考程序

程序	程序说明
O6201；	程序号
G40 G21 G97 M04 S800；	初始化，主轴反转，转速为 800 r/min
T0101；	换一号刀，建立刀具补偿
G00 X80.0 Z2.0；	到循环起点 A
G72 W1.2 R1.0；	外端面粗车循环加工
G72 P10 Q20 U0.2 W0.5 F0.2；	X 向精加工余量 0.2 mm，Z 向精加工余量 0.5 mm
N10 G41 G01 Z-60. S1200 F0.08；	开始精车程序段，不能有 X 方向的移动
X74.0；	到 $\phi74$ mm 外圆
W10.0；	精车 $\phi74$ mm 外圆
X54.0 W10.0；	精加工锥面
W10.0；	精加工 $\phi54$ mm 外圆
G02 X46.0 W4.0 R4.0；	精加工 R4 圆弧
G01 X30.0；	精加工 Z-26 处端面
W11.0；	精加工 $\phi30$ mm 外圆
X14.0；	精车 $\phi30$ mm 端面
G03 X10.0 W2.0 R2.0；	精车 R2 圆弧
G01W11.0；	精车 $\phi10$ mm 外圆
X6.0 W2.0；	精加工倒 2×45° 角
G01 W10.0；	精加工轮廓结束
N20 G40 X100.0 Z80.0；	取消半径补偿，返回程序起点位置
T0202；	调精车刀
G70 P10 Q20；	精车循环
G00 X100.0 Z100.0；	快速退刀
M05；	主轴停转
M30；	程序结束

任务实施

一、确定加工方案和切削用量

该定位套零件的加工对象包括外圆台阶面、倒角、内孔及内锥面等,且径向加工余量大。其中外圆 φ80 mm 对 φ34 mm 内孔轴线有同轴度要求,右端面对 φ34 mm 内孔轴线有垂直度要求,内孔 φ28 mm 有尺寸精度要求。该零件内表面已加工好,只需编制外圆及端面的加工程序。

由于此工件需要两次装夹,工件需调头加工,故此工件可分为两个程序进行加工,在 Z 向需分两次对刀确定工件坐标原点。当装夹小端,加工大端面及外圆时,工件坐标原点为大端面中心点;当装夹大端、加工小端面及外圆时,工件坐标原点为大端面中心点。

定位套零件加工方案见表 6-7。

表 6-7 定位套零件加工方案

工序	加工内容	加工方法	选用刀具
1	车 φ80 mm 左端面	车削	90°外圆车刀
2	粗、精车 φ80 mm 外圆	粗、精车	90°外圆车刀
3	车 φ80 mm 右端面	车削	90°外圆车刀
4	粗、精车外圆台阶	粗、精车	90°外圆车刀

确定加工方案和刀具后,要选择合适的刀具切削参数,见表 6-8。

表 6-8 刀具切削参数

刀具号	刀具参数	主轴转速/(r·min^{-1})	进给率/(mm·r^{-1})	切削深度/mm
T01	90°外圆车刀	850	0.1	1

二、工件坐标系建立

以定位套小端中心为原点建立工件坐标系,采用 G72 端面复合切削循环指令编程,循环起点为 A(90,5),如图 6-11 所示。

三、编写加工程序

由于定位套需要调头二次装夹,所以需要编制两个加工程序。定位套加工的参考程序见表 6-9。

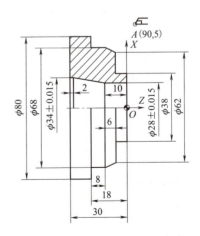

图 6-11 工件坐标系及循环起点

表6-9 定位套加工的参考程序

功能	程序	程序说明
加工左端面、外圆	O6202; T0101; M04 S850; G00 X90.0 Z5.0; Z0; G01 X22.0 F0.08; G00 X80.0 Z5.0; G01 Z-15.0 F0.2; G00 X100.0 Z150.0;	程序号 调用1号外圆车刀 主轴反转，转速为850 r/min 快速定位接近工件 端面起点 车端面 退刀到 $\phi80$ mm 外圆起点 车 $\phi80$ mm 外圆 退到换刀点
加工右端面、外圆	O6203; T0101; M04 S850.0; G00 X90.0 Z5.0; G01 Z0; X22. F0.08; G00 X90.0 Z5.0; G72 W2.0 R0.5; G72 P100 Q200 U0.1 W0.1 F0.1; N100 G41 G00 Z-18. S800; G01 X68.0 F0.05; Z-10.0; X62.0 Z-6.0; X38.0; Z0; N200 G40 Z2.0; G70 P100 Q200; G00 Z150.0; X100.0; M05; M30;	程序号 调用1号外圆车刀 主轴反转，转速为850 r/min 刀具快速定位 车端面起点 平端面 循环起点 G72循环，Z向切深2 mm X向精加工余量0.1 mm，Z向余量0.1 mm 精车第一段 车端面 车 $\phi68$ mm 外圆 车锥面 车端面 车 $\phi38$ mm 外圆 精车末段 G70外形精车循环 Z向退刀 X向退刀 主轴停转 程序结束

四、仿真操作

步骤同项目二任务2中表2-10的相关内容。

五、机床加工

步骤同项目二任务2中表2-11的相关内容。

任务评价

对任务完成情况进行评价，并填写任务评价表 6-10。

表 6-10 任务评价表

序号	评价项目	评价项目	自评			师评		
			A	B	C	A	B	C
1	职业素养	工位保持清洁，物品整齐						
		着装规范整洁，佩戴安全帽						
		操作规范，爱护设备						
2	编程准备	刀具选择						
		进刀点确定						
		切削用量选择						
		进给路线确定						
		退刀点确定						
3	程序编制	程序开头部分设定						
		直线插补 G01 等加工部分						
		退刀及程序结束部分						
4	程序验证	仿真软件验证数控程序						
5	机床加工	零件尺寸合格程度						
	综合评定							

扩展任务

编写如图 6-12 所示内锥套零件外表面的加工程序。毛坯为 $\phi60$ mm × 55 mm，材料为 45 钢。

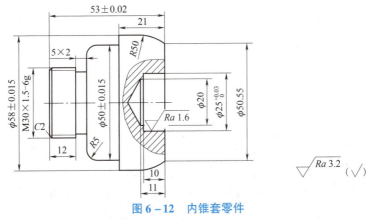

图 6-12 内锥套零件

项目七　FANUC–0i 系统套类零件编程与加工

任务1　套类零件编程基础

教学目标

（1）掌握套类零件数控车削加工工艺分析的基本方法。
（2）掌握套类零件刀具、夹具的选择及使用的基本方法。
（3）掌握典型套类零件工艺路线的制定方法。
（4）培养学生职业道德及文明生产方面的意识。
（5）培养学生岗位安全操作规程和节约成本的意识。

任务描述

数控加工中有轴类、盘类、套类和非圆曲线类特征的零件。图7–1所示套筒材料为45钢，无热处理要求，内孔 $\phi20$ mm，长度 24 mm，表面粗糙度均为 $Ra6.3$ μm，请确定孔的加工方案并编制钻孔程序。

任务目的

了解套类零件数控编程的基本方法和基本功能指令，会编制其加工工艺。

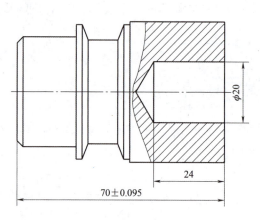

图7–1　套筒

知识链接

项目六中讲解了盘类零件的特点及常见零部件，如轴承盖、台阶盘、齿形盘、花盘、轮盘等。这类零件大部分是作为动力部件，配合轴类零件传递运动和转矩。本项目学习套类零件的数控编程和加工。套类零件一般指带有内孔的零件，套类零件主要是作为旋转件的支承，在工作中承受轴向和径向力。套类零件是机械加工中经常遇到的一种零件，它的应用范围很广，如支承旋转轴的各种形式的轴承、夹具上的导向套、内燃机上的气缸套和液压系统中的油缸等。

一、套类零件的功用、技术要求和材料选择

1. 套类零件的功用

套类零件在机器设备中应用较多，常与同属回转体零件的轴类零件相配合。常见的套类零件有轴承套、钻套、气缸套等，如图7-2所示。

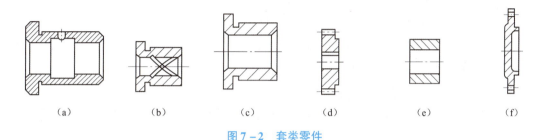

图7-2 套类零件

(a) 轴承套；(b) 滑动轴承；(c) 钻套；(d) 齿轮；(e) 套筒；(f) 轴承压盖

2. 套类零件的技术要求

套类零件的主要结构是孔和外圆，其技术要求主要有孔的技术要求、外圆的技术要求、孔与外圆的同轴度要求、孔与端面的垂直度要求等。孔是套类零件起支承或导向作用的最主要结构，通常与运动的轴、刀具或活塞相配合。孔的直径尺寸公差等级一般为IT7，精密轴套可取IT6，气缸和液压缸由于与其配合的活塞上有密封圈，要求较低，通常取IT9。孔的形状精度应控制在孔径公差以内，一些精密套形状精度控制在孔径公差的1/3～1/2，甚至更严。对于长的套筒，除了圆度要求以外，还应注意孔的圆柱度。为了保证零件的功用和提高其耐磨性，孔的表面粗糙度值为 $Ra1.6～0.16\ \mu m$，要求高的精密套筒可达 $Ra0.04\ \mu m$。

外圆是套类零件的支承面，常以过盈或过渡配合与箱体或机架上的孔相连接。外径尺寸公差等级通常取IT6～IT7，其形状精度控制在外径公差以内，表面粗糙度值为 $Ra3.2～0.63\ \mu m$。若孔的最终加工是将套装入箱体或机架后进行的，则套内外圆间的同轴度要求较低；若最终加工是在装配前完成的，则同轴度要求较高，一般为0.01～0.05 mm。套的端面（包括凸缘端面）若在工作中承受载荷，或在装配和加工时作为定位基准，则端面与孔轴线垂直度要求较高，一般在0.01～0.05 mm。

3. 套类零件的材料与毛坯

套类零件一般用钢、铸铁、青铜或黄铜制成。有些滑动轴承采用双金属结构，使用离心铸造法在钢或铸铁内壁上浇注巴氏合金等轴承合金材料，这样既可节省贵重的有色金属，又能提高轴承的寿命。

套类零件毛坯的选择与其材料、结构、尺寸及生产批量有关。孔径小的套筒，一般选择热轧或冷拉棒料，也可采用实心铸件。孔径较大的套筒，常选择无缝钢管或带孔的铸件或锻件。大量生产时，可采用冷挤压和粉末冶金等先进制造工艺，既能够提高生产率，又

可以节约材料。

二、套类零件的孔加工特点及常用加工方法

1. 套类零件孔加工特点

（1）孔加工是在工件内部进行的，观察切削情况比较困难，尤其是加工小孔、深孔时，此情况更为突出。

（2）刀杆尺寸由于受孔径和孔深的限制，既不能粗，又不能短，所以在加工小而深的孔时，刀杆刚性很差。

（3）加工时排屑和冷却困难。

（4）当工件壁较薄时，加工时工件容易变形。

（5）测量孔比测量外圆困难。

2. 套类零件孔加工的方法

内孔是套类零件的特征之一，根据内孔工艺要求，加工方法很多，常用的有钻孔、扩孔、铰孔、镗孔、磨孔等，见表7-1。车削加工孔时常用的加工刀具有中心钻、麻花钻及内孔车刀等。

表7-1 套类零件的孔加工方法

序号	加工方法	经济加工精度	经济粗糙度 $Ra/\mu m$	适用范围
1	钻	IT11~13	12.5	加工未淬火钢及铸铁的实心毛坯，也可加工有色金属。孔径小于15~20 mm
2	钻→铰	IT8~10	1.6~6.3	
3	钻→粗铰→精铰	IT7~8	0.8~1.6	
4	钻→扩	IT10~11	6.3~12.5	加工未淬火钢及铸铁的实心毛坯，也可加工有色金属。孔径大于15~20 mm
5	钻→扩→铰	IT8~9	1.6~3.2	
6	钻→扩→粗铰→精铰	IT7	0.8~1.6	
7	钻→扩→机铰→手铰	IT6~7	0.2~0.4	
8	钻→扩→拉	IT7~9	0.1~1.6	大批量生产（精度取决于拉刀）
9	粗镗（扩孔）	IT11~13	6.3~12.5	除淬火钢外各种材料，毛坯有铸出孔或锻出孔
10	粗镗（粗扩）→半精镗（精扩）	IT9~10	1.6~3.2	
11	粗镗（粗扩）→半精镗（精扩）→精镗（铰）	IT7~8	0.8~1.6	
12	粗镗（粗扩）→半精镗（精扩）→精镗→浮动镗刀精镗	IT6~7	0.4~0.8	

续表

序号	加工方法	经济加工精度	经济粗糙度 $Ra/\mu m$	适用范围
13	粗镗（扩）→半精镗→磨孔	IT7~8	0.2~0.8	主要用于淬火钢，也可用于未淬火钢，但不宜用于有色金属
14	粗镗（扩）→半精镗→粗磨→精磨	IT7~8	0.1~0.2	
15	粗镗→半精镗→精镗→精细镗（金刚镗）	IT6~7	0.05~0.4	主要用于精度要求高的有色金属加工
16	钻→（扩）→粗铰→精铰→珩磨；钻→（扩）→拉→珩磨；粗镗→半精镗→精镗→珩磨	IT6~7	0.025~0.2	加工精度要求很高的孔
17	以研磨代替16中的珩磨	IT5~6	0.006~0.1	

1）钻孔和扩孔

钻孔前，先车平零件端面，用中心钻钻出一个中心孔（用短钻头钻孔时，只要车平端面，不一定要钻出中心孔）。将钻头装在车床尾座套筒内，并把尾座固定在适当位置上，这时开动车床就可以手动进刀钻孔，如图7-3所示。

扩孔是指用扩孔刀具扩大工件的孔径。对于尺寸较大的孔，可使用扩孔钻进行扩孔。常

图7-3 钻孔的方法

用的扩孔刀具有麻花钻和扩孔钻等。一般精度要求低的孔可用麻花钻扩孔，精度要求高的孔的半精加工可用扩孔钻扩孔。用扩孔钻加工生产效率较高，加工质量较好，精度可达IT10~IT11，表面粗糙度则达Ra6.3~12.5 μm。扩孔的操作与钻孔基本相同，但进给量可以比钻孔稍大些。

2）镗孔

镗孔是把已有的孔直径扩大，达到所需的形状和尺寸。

（1）镗孔车刀的几何形状可分为通孔车刀、盲孔（不通孔）车刀和内孔切槽刀3种。①通孔车刀切削部分的几何形状与外圆车刀基本相似。②盲孔车刀用来车不通孔和台阶、圆弧等形状的孔。切削部分的几何形状与偏刀基本相似，它的主偏角大于90°。③内孔切槽刀用于切削各种内槽。常见的内槽有退刀用槽、密封用槽、定位用槽。内孔切槽刀的大小、形状要根据孔径和槽形及槽的大小来确定。

（2）镗孔的关键有以下几点。①尽量增加刀杆的截面积，但不能碰到孔壁。②刀杆伸出的长度尽可能缩短，即应根据孔径、孔深来选择刀杆的大小和长度。③控制切屑流出方向，通孔用前排屑，盲孔用后排屑。

（3）镗孔的方法。①车削孔径要求不高、孔径又小的孔，如螺纹底孔，可直接用钻头钻削。②车削圆柱孔、深孔或孔径要求较高的孔，可采用端面深孔加工循环G74的车削方

法或采用外圆、内圆车削循环 G90 的车削方法进行加工。③车削有圆弧、台阶多、有圆锥的内孔，可采用外圆粗车循环 G71、端面粗车循环 G72 的车削方法进行加工。④车削内槽可采用端面车削循环 G94 或外圆、内圆切槽循环 G75 的车削方法进行加工。

3) 铰孔

铰孔是对较小孔和未淬火孔的精加工方法之一，在批量生产中已被广泛采用。铰孔之前一般先镗孔，镗孔后留些余量，一般粗铰余量为 0.15~0.3 mm，精铰余量为 0.04~0.15 mm，余量大小直接影响铰孔的质量。

三、套类零件常用孔的加工刀具及选用

1. 套类零件常用孔的加工刀具

1) 麻花钻

要在实心材料上加工出孔，必须先用钻头钻出一个孔来。常用的钻头是麻花钻。

麻花钻由切削部分、工作部分、颈部和钻柄等组成，如图 7-4 所示。钻柄有锥柄和直柄两种，一般 ϕ12 mm 以下的麻花钻用直柄，ϕ12 mm 以上的麻花钻用锥柄。

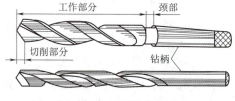

图 7-4 麻花钻的组成

2) 中心钻

中心钻用于加工中心孔，其有多种形式：A 型中心钻、B 型中心钻（见图 7-5）、C 型中心钻、无护锥 60°复合中心钻和带护锥 60°复合中心钻，为节约刀具材料，复合中心钻常制成双端的，钻沟一般制成直的。复合中心钻的工作部分由钻孔部分和锪孔部分组成，钻孔部分与麻花钻相同，有倒锥度及钻尖几何参数，锪孔部分锥度制成 60°，保护锥锥度制成 120°。

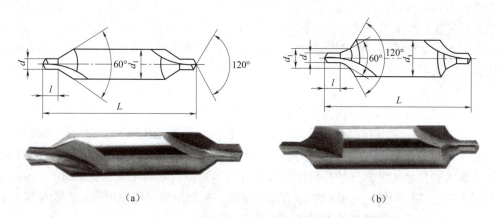

图 7-5 中心钻
(a) A 型中心钻；(b) B 型中心钻

复合中心钻工作部分的外圆需经斜向铲磨，才能保证锪孔部分及锪孔部分与钻孔部分的过渡部分具有后角。

3）深孔钻

一般深径比（孔深与孔径比）在 5~10 范围内的孔为深孔，加工深孔可用深孔钻。深孔钻的结构有多种，常用的主要有外排屑深孔钻、内排屑深孔钻和喷吸钻等。

4）扩孔钻

在实心零件上钻孔时，如果孔径较大，钻头直径也较大，横刃加长，轴向切削阻力增大，钻削时会很费力，这时可以在钻削后用扩孔钻对孔进行扩大加工。

扩孔钻有高速钢扩孔钻和硬质合金扩孔钻两种，如图 7-6 所示。

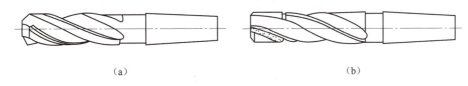

(a) (b)

图 7-6 扩孔钻

(a) 高速钢扩孔钻；(b) 硬质合金扩孔钻

5）镗孔刀

铸孔、锻孔或用钻头钻出来的孔，其内孔表面还很粗糙，需要用内孔刀车削。车削内孔用的车刀一般称为镗孔刀，简称镗刀。

常用镗刀有整体式和机夹式两种，如图 7-7 所示。机夹式镗刀加工方式如图 7-8 所示。

(a) (b)

图 7-7 常用镗刀

(a) 整体式镗刀；(b) 机夹式镗刀

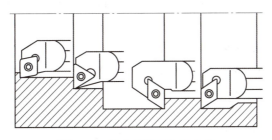

图 7-8 机夹式镗刀加工方式

6）铰刀

精度要求较高的内孔，除了采用高速精镗之外，一般是经过镗孔后用铰刀铰削。铰刀有机用铰刀和手用铰刀两种，由工作部分、颈和柄等组成，如图 7-9 所示。

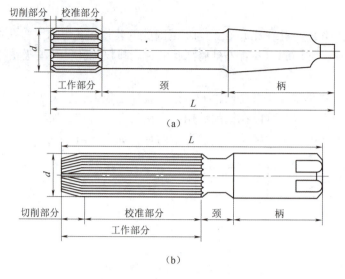

图 7-9 铰刀
(a) 机用铰刀；(b) 手用铰刀

2. 盘套类零件常用孔加工刀具的选择

数控刀具的选择应根据数控车床回转刀架的刀具安装尺寸、工件材料、加工类型、加工要求及加工条件从刀具样本中查表确定。盘套类零件的孔加工刀具主要有整体式和机夹式两种。对于机夹式刀具的选择，主要包括刀片的紧固方式的选择、刀片材料的选择、刀片形状的选择、刀杆头部形式的选择、刀片后角的选择、左右手柄的选择、刀尖圆弧半径的选择、断屑槽形的选择等。此处主要介绍刀片材料的选择和刀片形状的选择。

1）刀片材料的选择

常见刀片材料有高速钢、硬质合金、涂层硬质合金、陶瓷、立方氮化硼和金刚石等，其中应用最多的是硬质合金刀片和涂层硬质合金刀片。选择刀片材质主要依据被加工工件的材料、被加工表面的精度、表面质量要求、切削载荷的大小以及切削过程有无冲击和振动等。不同材料的刀片对应加工工件材料的范围有所不同。选择刀片材料时，应根据材料样本对应的代码 P、M、K、N、S、H 来进行选取，见表 7-2。

表 7-2 刀片选择工件材料代码

刀片材料	加工材料组	代码
钢	非合金钢、合金钢、高合金钢； 不锈钢：铁素体、马氏体	P（蓝）
不锈钢和铸铁	奥氏体； 铁素体—奥氏体	M（黄）
铸铁	可锻铸铁、灰口铸铁、球墨铸铁	K（红）
NF 金属	有色金属和非金属材料	N（绿）
难切削材料	以镍或钴为基体的热固性材料； 钛、钛合金及难切削的高合金钢	S（棕）
硬材料	淬硬钢、淬硬铸铁和冷硬模铸件； 锰钢	H（白）

2) 刀片形状的选择

刀片形状主要依据被加工工件的表面形状、切削方法、刀具寿命和刀片的转位次数等因素选择。刀片是机夹可转位车刀的重要组成元件,刀片大致可分为 3 类 17 种。部分硬质合金刀片形状如图 7-10 所示。

T 形:3 个刃口,刃口较长,刀尖强度低,主要用于 90°车刀。主要用于加工盲孔、台阶孔。

S 形:4 个刃口,刃口较短,刀尖强度较高,主要用于 75°、45°车刀。用于加工通孔。

C 形:有两种刀尖角。100°刀尖角的两个刀尖强度高,一般做成 75°车刀,用来粗车外圆、端面。80°刀尖角的两个刃口强度较高,用它不用换刀即可加工端面或圆柱面,一般用于加工台阶孔。

R 形:圆形刃口,用于特殊圆弧面的加工,刀片利用率高,但径向阻力大。

W 形:3 个刃口且刃口较短,刀尖角 80°,刀尖强度较高,主要在普通车床上使用,用于加工圆柱面和台阶面。

D 形:两个刃口且刃口较长,刀尖角 55°,刀尖强度较低,主要用于仿形加工。当做成 93°车刀时,切入角不得大于 27°~30°;做成 62.5°车刀时,切入角不得大于 57°~60°。在加工内孔时可用于台阶孔及较浅孔的清根。

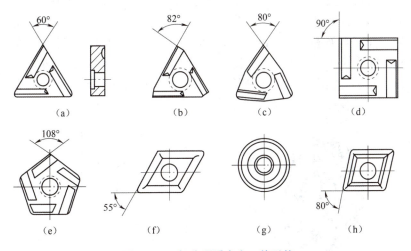

图 7-10 部分硬质合金刀片形状

(a) T 形; (b) F 形; (c) W 形; (d) S 形; (e) P 形; (f) D 形; (g) R 形; (h) C 形

3) 盘套类零件车内孔的注意事项

车孔是常用的孔加工方法之一,可进行粗加工,也可进行精加工。车孔精度一般可达 IT7~IT8,表面粗糙度 $Ra1.6~3.2~\mu m$。车孔的关键技术是解决内孔车刀的刚性问题和内孔车削过程中的排屑问题,主要包括以下几项。

(1) 内孔车刀的刀尖应尽量与车床主轴的轴线等高。

(2) 为了增加车削刚性,防止产生振动,要尽量选择粗的刀杆。刀杆的粗细应根据孔径的大小来选择,刀杆粗会碰孔壁,刀杆细则刚性差,刀杆应在不碰孔壁的前提下尽量大些。

(3) 装夹时刀杆伸出长度应尽可能短,只要略大于孔深即可,以改善刀杆刚性,减少切削过程中可能产生的振动。

(4) 精车内孔时，应保持刀刃锋利，否则容易产生让刀，把孔车出锥度。

(5) 内孔加工过程中，可通过控制切屑流出方向来解决排屑问题。精车孔时，要求切屑流向待加工表面（前排屑），前排屑主要是采用正刃倾角内孔车刀；加工盲孔时，应采用负刃倾角内孔车刀，使切屑从孔口排出。

四、盘套类零件的装夹与定位方法

内孔作为盘套类零件的主要特征，在车削加工时相对轴类零件在工艺和装夹方法上有所不同。在加工盘套类零件时，毛坯无论选择铸件、锻件或型钢，加工时都必须体现粗、精加工分开和"一刀活"的原则。当两端的外圆和端面相对孔的轴线都有位置精度要求时，则应以中心孔及一个端面为精加工基准，以心轴装夹，精车另一端外圆和端面。在安排加工工序时，先装夹哪一端、需经过几次调头装夹进行车削加工，与毛坯的形状、尺寸和技术要求等多种因素有关，应综合分析，灵活掌握。盘套类零件加工常用的夹具有三爪自定心卡盘、四爪卡盘、定位心轴等。

1. 四爪卡盘

四爪卡盘是数控车床上常用的夹具，如图7-11所示，其四个卡爪都可单独移动，它适用于装夹大型的盘套类零件或不规则的零件，夹紧压力较大，经校正后装夹精度较高，不受卡爪磨损的影响，但装夹不如三爪自定心卡盘方便，需要经过找正再安装。找正是指用工具，根据工件上有关基准，找出工件在划线、加工或装配时的正确位置的过程。如图7-12所示，在数控车床上用四爪卡盘和百分表找正后将工件夹紧，可加工出与外圆同轴度很高的孔。对于盘类零件，安装时既要以外圆为基准找正平行轴线，又要找正端面垂直轴线，因此，工件装夹速度较慢，不太适宜批量生产。

图7-11 四爪卡盘

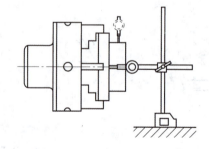
图7-12 找正安装工件

2. 定位心轴

盘套类零件的内孔精度往往要求高。一般需经两次或多次工序才能完成的盘套类零件，要保证零件的精度，须以内孔为定位基准，才能保证外圆轴线和内孔轴线的同轴度要求，此时要用心轴定位。工件以圆柱孔定位，常用锥度心轴、圆柱心轴、弹性心轴、胀力心轴等。

1) 锥度心轴

锥度心轴是刚性心轴的一种，如图7-13（a）所示，心轴的外圆呈锥体，锥度1:1 000～1:5 000。工件压入锥度心轴时，工件孔产生弹性变形而胀紧工件，并借压合处的摩擦力传递转矩带动工件旋转。这种心轴的结构简单,制造方便,不需要夹紧元件,心轴与安装孔之间无间隙,故定位精度高,但能承受的切削力小,工件在心轴的轴向位移误差较大,不能加工端面,而且装夹不太方便。锥度心轴适用于同轴度要求较高的工件的精加工。

2) 圆柱心轴

圆柱心轴的圆柱表面与工件定位配合,并保持较小的间隙,工件靠螺母压紧,便于装卸,如图 7-13(b)所示。圆柱心轴结构简单,制造方便,当工件直径较大时,常采用带有压紧螺母的圆柱心轴,它的夹紧压力较大,但定位精度比锥度心轴低。

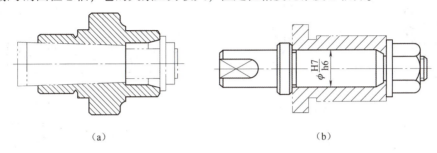

图 7-13 心轴定位

(a) 锥度心轴;(b) 圆柱心轴

3) 弹性心轴

弹性心轴依靠锥形弹性套受轴向弹力挤压产生径向弹性变形而定位夹紧工件。其特点是装夹方便,定位精度高,同轴度一般可达 0.01~0.02 mm。弹性心轴适用于零件的精加工和半精加工,应用较为广泛。

五、套类零件孔的测量

1. 套类零件孔的精度

套类零件孔的精度主要包括孔径和长度的尺寸精度;孔的形状精度,如圆度、圆柱度、直线度等;孔的位置精度,如同轴度、平行度、垂直度、径向圆跳动和端面圆跳动等;表面粗糙度。要达到哪一级精度,一般加工图样上会加以说明。

2. 套类零件孔的量具

1) 内径千分尺测量

当孔的尺寸小于 25 mm 时,可用内径千分尺测量孔径,如图 7-14 所示。

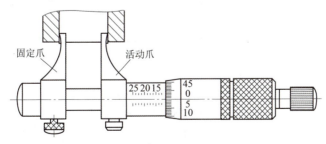

图 7-14 内径千分尺测量孔径

2）内径百分表测量

采用内径百分表测量零件时,应根据零件内孔直径,用外径千分尺将内径百分表对零后进行测量,测量方法如图7-15所示,取测得的最小值为孔的实际尺寸。

3）塞规测量

塞规由通端1、止端2和柄部3组成,如图7-16所示。测量时,当通端可塞进孔内,而止端进不去时,孔径为合格。

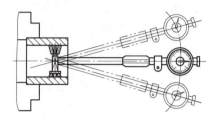

图7-15 内径百分表测量孔径

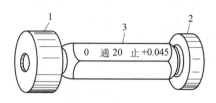

图7-16 塞规

1—通端；2—止端；3—柄部

六、内孔零件的加工编程指令

基本插补指令（G01，G02，G03）、外圆车削循环（G90，G94）、外圆粗车循环（G71，G72，G73，G75）、精加工循环（G70）都可用于零件的外圆及内孔的加工。

在实际加工内孔时,由于受到刀具和孔径的限制,不方便观察切削加工过程,且进刀和退刀方式与加工外圆正好相反。因此,在编程时,需要特别注意进刀点和退刀点的距离和方向,要防止刀具和零件相碰撞。一般使用G01，G74（钻孔切削循环）进行钻孔；使用G90，G71进行扩孔。

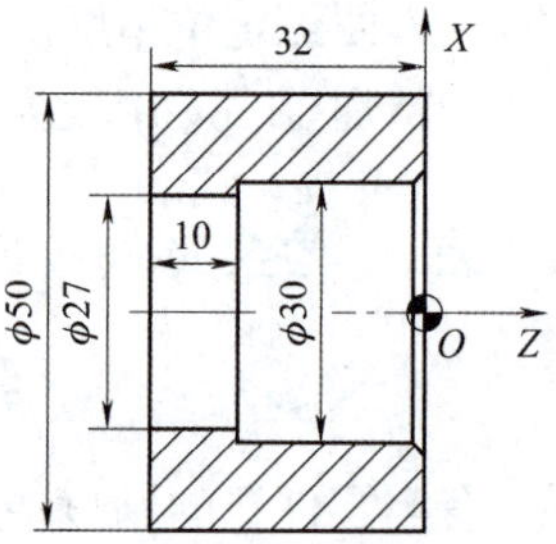

1. 用G01指令钻削内孔

对于形状比较简单的内孔,可以采用G01指令编程钻孔。

例7-1 图7-17所示为G01加工内孔示例,毛坯为 $\phi50$ mm×35 mm 的棒料,外圆及两端面已经加工,现编制内孔钻削程序。参考程序见表7-3。

图7-17 G01加工内孔示例

表7-3 参考程序

程序	程序说明
O7101;	程序号
T0101;	换1号刀（$\phi25$ mm 钻头）
M03 S300 M08;	主轴正转,转速为300 r/min,开启切削液
G00 X0 Z10.0;	快速定位
G01 Z-16.0 F0.1;	钻孔到 $Z-16$ mm 处
Z3.0 F2.0;	退刀至孔外,排屑散热
G01 Z-35.0 F0.1;	钻孔至孔底

续表

程序	程序说明
Z3.0 F2.0 M09;	退刀至孔外,关闭切削液,完成钻孔
G00 Z150.0;	快速退孔
M05;	主轴停转
M30;	程序结束

2. 钻孔切削循环 G74

通过尾座摇动手轮实现钻孔的方法在单件、小批量生产中应用广泛,但被加工孔为深孔且批量较大时,这种人工的机械式操作会严重影响到生产效率。在钻深孔时,排屑和散热较困难,需在加工中反复进行退出和钻削动作。深孔啄式自动钻孔循环指令 G74 能自动完成反复进、退刀动作,适用于深孔钻削加工。另外,G74 指令也可用于端面槽的加工。

G74 加工指令格式讲解视频

指令格式:
G74 R(e);
G74 X(U) Z(W) Q(Δk) R(Δd) F;

其中,e 为退刀量;$X(U)$,$Z(W)$ 为孔的终点处坐标;Δk 为 Z 方向的每次切深量,单位 μm,用不带符号的值表示;Δd 为刀具在切削底部的 Z 向退刀量,无要求时可省略;F 为进给速度。

指令功能:如图 7-18 所示,自动完成反复进、退刀动作,进行深孔加工。

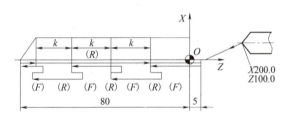

图 7-18 孔加工示例

例 7-2 对如图 7-18 所示零件的 $\phi25\ mm \times 80\ mm$ 孔,采用深孔钻削循环 G74 进行编程加工。其中,$e=2$,$\Delta k=8$,$F=0.1$。参考程序见表 7-4。

表 7-4 参考程序

程序	程序说明
O7102;	程序号
T0101;	换 1 号刀（$\phi25\ mm$ 钻头）
M03 S300 M08;	主轴正转,转速为 300 r/min,切削液开
G00 X0 Z10.0;	快速定位至循环起点
G74 R2.0;	R2.0 表示每次钻深到一定深度后 Z 向后退 2.0 mm
G74 Z-80.0 Q8000 F0.1;	Q8000 表示每次钻深 8 mm
Z100.0 M09;	退刀,切削液关,完成钻孔
M05;	主轴停转
M30;	程序结束

任务实施

一、确定加工方案和切削用量

图 7-1 套筒零件的加工对象为内孔，外圆不需要加工，加工方案见表 7-5。

表 7-5 套筒零件加工方案

工序	加工内容	加工方法	选用刀具
1	车平右端面	车削	90°外圆车刀
2	钻 φ3 mm 中心孔	钻削	φ3 mm 中心钻
3	钻 φ20 mm 内孔	钻削	φ20 mm 麻花钻

本任务中我们对工序 2 和工序 3 进行编程，确定加工方案和刀具后，要选择合适的刀具切削参数，见表 7-6。

表 7-6 刀具切削参数

刀具号	刀具参数	主轴转速/(r·min^{-1})	进给率/(mm·r^{-1})
T01	φ3 mm 中心钻	400	0.05
T02	φ20 mm 麻花钻	300	0.1

二、工件坐标系建立

以右端面中心为原点建立工件坐标系，采用 G74 钻孔切削循环指令编程，如图 7-19 所示。

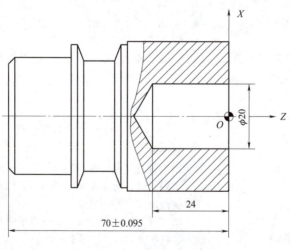

图 7-19 工件坐标系

三、编制程序

套筒零件的钻孔参考程序见表 7-7。

表 7-7 套筒零件的钻孔参考程序

程序	程序说明
O7103;	程序号
T0101;	换 1 号刀（$\phi3$ 中心孔）
M03 S400;	主轴正转，转速为 400 r/min
G00 X0 Z3.0 M08;	快速定位到钻削起点，切削液开
G01 Z-4.0 F0.05;	钻 $\phi3$ mm 中心孔
Z3.0 F1.0;	退刀至孔外
G00 Z150.0;	远离至换刀点
T0102;	换 $\phi20$ mm 麻花钻
M03 S300;	主轴正转，转速为 300 r/min
G00 X0 Z10.0;	快速定位至循环起点
G74 R2.0;	R2.0 表示每次钻深到一定深度后 Z 向后退 2.0 mm
G74 Z-26.0 Q5000 F0.1;	Q5000 表示每次钻深 5 mm
Z100.0 M09;	退刀，切削液关，完成钻孔
M05;	主轴停转
M30;	程序结束

四、仿真操作

步骤同项目二任务 2 中表 2-10 的相关内容。

仿真钻头对刀视频

五、机床加工

步骤同项目二任务 2 中表 2-11 的相关内容。完成任务工单 7。

钻孔机床操作视频

任务评价

对任务完成情况进行评价，并填写任务评价表 7-8。

表 7-8 任务评价表

序号	评价项目		自评			师评		
			A	B	C	A	B	C
1	职业素养	工位保持清洁，物品整齐						
		着装规范整洁，佩戴安全帽						
		操作规范，爱护设备						

续表

序号	评价项目		自评			师评		
			A	B	C	A	B	C
2	程序编写	程序号						
		选用刀具及切削参数，确定工件坐标系						
		主轴旋转，切削液开						
		钻中心孔						
		钻孔						
		退刀，切削液关						
		主轴停转，程序结束						
	综合评定							

扩展任务

如图 7-20 所示锥套零件，外圆已加工，试编写内孔加工程序。

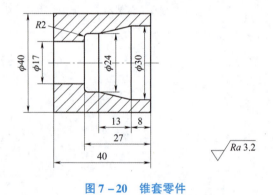

图 7-20　锥套零件

任务工单 7

工作任务		数控车床钻内孔	
小组号		工作组成员	
工作时间		完成总时长	

工作任务描述	
使用 G74 指令钻内孔	

小组分工	姓名	工作任务

操作过程记录单		
步骤	填写内容	说明
1. 对刀信息		
2. 编制程序		
3. 自动加工		
4. 测量		
验收评定		验收人签名

总结反思	
学习收获	
创新改进	
问题反思	

任务 2　套类零件编程

教学目标

（1）掌握 G00，G01，G90，G74 等指令的使用场合。
（2）掌握制定简单内孔零件加工工艺的方法。
（3）掌握简单内孔钻孔和粗、精车削编程方法。
（4）培养学生的自学能力和接受新鲜事物的能力。
（5）培养学生精益求精的工匠精神。

任务描述

图 7-21 所示是厚垫圈零件的图样，材料为 45 钢，需要加工外圆，钻削并粗、精加工内孔。

任务目的

掌握套类（孔类）零件加工的基本方法和常用基本功能指令，会编制简单套类的数控加工程序。

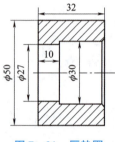

图 7-21　厚垫圈

知识链接

一、单一形状固定循环指令 G90 粗加工内孔

该指令适用于在零件的内、外圆柱面（圆锥面）上毛坯余量较大时的粗车，或直接从棒料车削零件时进行精车前的粗车，以去除大部分毛坯余量，G90 走刀路线如图 7-22 所示。

指令格式：
G00 X(U)_ Z(W)_;(循环起点,X值小于钻孔直径)
G90 X(U)_ Z(W)_ F(_);

其中，X，Z（U，W）为内孔切削终点坐标。

二、G90 粗加工内孔时走刀路线

由图 7-22 可知，G90 指令实际上是 G00，G01 指令的综合应用。尽管 G00 和 G01 指令是数控加工编程中最基本的指令，但是在加工零件时，如果用 G00 和 G01 指令编程，会使程序太过烦琐，特别是当毛坯余量较大

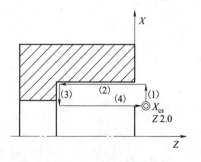

图 7-22　G90 走刀路线

时，会使加工程序段很长，如果使用 G90 指令，会大幅减少数控加工程序段的数量。

> 任务实施

一、确定加工方案和切削用量

毛坯为 φ55 mm × 110 mm 棒料（1 件毛坯能加工 3 件厚垫圈），采用三爪自定心卡盘夹持毛坯，一次装夹，钻通孔，完成第一件厚垫圈的粗、精加工内孔，使用宽 2 mm 的切断刀保证总长 32 mm 进行切断。

厚垫圈加工方案见表 7-9。

表 7-9 厚垫圈加工方案

工序	加工内容	加工方法	选用刀具
1	车平右端面并加工外圆	车削	90°外圆车刀
2	钻 φ3 mm 中心孔	钻削	φ3 mm 中心钻
3	钻 φ25 mm 内孔	钻削	φ25 mm 麻花钻
4	粗、精车内孔	粗、精车	90°内孔车刀
5	切断，保证零件总长 32 mm	车削	2 mm 切断刀

确定加工方案和刀具后，要选择合适的刀具切削参数，见表 7-10。

表 7-10 刀具切削参数

刀具号	刀具参数	加工方法	背吃刀量/mm	主轴转速/（r·min^{-1}）	进给率/（mm·r^{-1}）
T01	90°外圆车刀	粗车	最大为 2.5	600	0.3
		精车	0.5	1 000	0.1
T02	φ3 mm 中心钻	—	—	400	0.05
T03	φ25 mm 麻花钻	—	—	300	0.1
T04	90°内孔车刀	粗车	最大为 2.5	600	0.3
		精车	0.5	1 000	0.1
T05	2 mm 切断刀	—	—	400	0.05

二、确定工件坐标系和对刀点

以零件右端面与回转轴线交点为工件原点，工件坐标系如图 7-23 所示。

三、程序编制

厚垫圈参考程序见表 7-11。

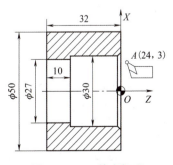

图 7-23 工件坐标系

表 7−11 厚垫圈参考程序

程序	程序说明
O7201；	程序号
T0101；	换 1 号刀（外圆车刀），建立工件坐标系
M04 S600；	主轴以 600 r/min 反转（后置刀架）
G01 X57.0 Z0 F3 M08；	快速进刀到端面切削起点，切削液开
G01 X−1.0 F0.1；	切端面
G00 X57.0 Z2.0；	退刀到循环切削起点
G90 X51.0 Z−105.0 F0.3；	粗车 φ50 mm 外圆，留 1 mm 精车余量
G00 X50.0 Z2.0 S1000；	快速进刀到外圆切削起点，转速升至 1 000 r/min
G01 Z−105.0 F0.1；	精车 φ50 mm 外圆到尺寸
X56.0；	X 方向退刀
G00 X100.0 Z100.0；	退刀
T0202；	换 2 号刀（中心钻）
M03 S400；	
G01 X0 Z3.0 F3；	快速定位到钻中心孔的起点
G01 Z−4.0 F0.05；	钻中心孔深 4 mm
Z3. F1.0；	Z 向退刀
G00 Z150.0；	快速退到换刀点
T0303；	换 3 号刀（φ25 mm 麻花钻）
M03 S300；	
G01 X0 Z10.0 F3；	快速定位到钻孔的起点
G74 R2.0；	R2.0 表示每次钻深到一定深度后 Z 向后退 2.0 mm
G74 Z−110.0 Q5000 F0.1；	Q5000 表示每次钻深 5 mm，钻孔深 110 mm
Z100.0；	退刀，关闭切削液
T0404；	换 4 号刀（内孔车刀）
M04 S600；	
G01 X24.0 Z3 F3；	快速定位到粗加工循环起点
G90 X26.0 Z−33.0 F0.3；	粗车 φ27 mm 内孔至 φ26 mm
G90 X29.0 Z−21.0 F0.3；	粗车 φ30 mm 内孔至 φ29 mm
G01 G42 X30.0 Z3.0 F3 S1000；	快速定位到精加工起点，主轴转速提高至 1 000 r/min
G01 Z−22 F0.1；	精车 φ30 mm 内孔至图纸要求尺寸
G01 X27.0；	
G01 Z−33.0；	精车 φ27 mm 内孔至图纸要求尺寸，深 33 mm
G01 X24.0 F1.0；	X 方向退刀
G40 G00 Z150.0	Z 方向退刀
T0505；	换 5 号刀（切断刀）
M04 S400；	
G01 X56.0 Z−34.0 F3；	快速定位到切断起点
G01 X26.5 F0.05	X 方向切削到 φ26.5 mm（得到厚垫圈）
G00 Z150.0 M09；	Z 方向退刀，切削液关
M05；	主轴停转
M30；	程序结束

四、仿真操作

步骤同项目二任务 2 中表 2-10 的相关内容。

五、机床加工

步骤同项目二任务 2 中表 2-11 的相关内容。

仿真内孔刀对刀视频

机床内孔刀对刀视频

任务评价

对任务完成情况进行评价，并填写任务评价表 7-12。

表 7-12 任务评价表

序号	评价项目		自评			师评		
			A	B	C	A	B	C
1	程序模板制作	程序号						
		选用刀具，确定工件坐标系						
		主轴旋转，切削液开						
		编制粗加工程序段						
		编制精加工程序段						
		退刀，切削液关						
		程序结束						
2	机床加工	选择机床						
		机床回零点						
		毛坯安装						
		刀具安装						
		对刀						
		上传 NC 程序						
		零件测量						
	综合评定							

扩展任务

编写图 7-24 所示含椭圆配合类零件中内孔部分的数控加工程序。

项目七 FANUC-0i 系统套类零件编程与加工 173

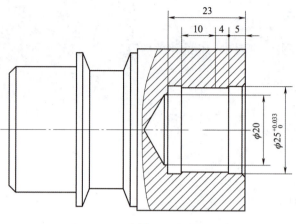

图 7-24　含椭圆配合类零件

任务3　套类零件编程与加工

教学目标

(1) 掌握 G71, G74, G76 等指令的使用场合。
(2) 掌握内螺纹零件的加工方法。
(3) 掌握内螺纹底孔直径的计算方法。
(4) 培养学生的自学能力和接受新鲜事物的能力。
(5) 培养学生精益求精的工匠精神。

任务描述

图 7-25 所示椭圆轴零件图，材料为 45 钢，需要加工内孔及内螺纹。

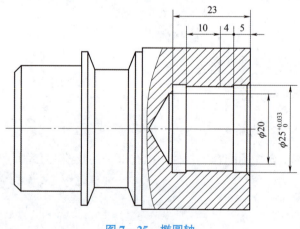

图 7-25　椭圆轴

> 任务目的

掌握内螺纹加工方法和常用加工指令 G71，G74 和 G76，会编制内螺纹的加工程序。

> 知识链接

一、G71 轴向粗车循环加工内孔

G71 指令用于加工内孔，与外圆切削循环区别之处在于以下方面。

（1）在确定循环起点时，X 坐标值一定要小于精车路线中的最小 X 坐标值。但也不宜过小，以免刀具与孔壁碰撞，取值小于毛坯孔（底孔）0~1 mm 即可。

（2）参数中内孔精加工余量 U (Δu) 的 Δu 取负值。

（3）可执行精车路线中的圆弧插补。

例 7-3 图 7-26（a）所示锥套零件，外圆与 $\phi 17$ mm 孔已加工，内轮廓表面粗糙度为 $Ra3.2\ \mu m$，请用 G71，G70 指令编制内轮廓粗、精加工程序，X 方向精加工余量为 0.3 mm，Z 方向精加工余量为 0.1 mm。

根据图样分析，循环起点设置在 A (16, 3)，切削深度为 1 mm，退刀量为 0.5 mm。工件坐标系及走刀路径如图 7-26（b）所示。参考程序见表 7-13。

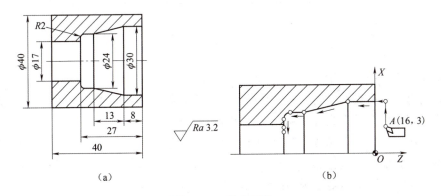

图 7-26 锥套零件

（a）锥套零件图；（b）工件坐标系及走刀路径

表 7-13 参考程序

程序	程序说明
O7301;	程序号
T0101;	选择刀具
M03 S600;	主轴正转,转速为 600 r/min
G01 X15.0 Z3.0 F5.0;	快速定位至循环起点 A
G71 U2.0 R1.0;	切削深度 2 mm,退刀量 1 mm
G71 P50 Q100 U−1.0 W0.5 F0.2;	X 向精加工余量 1 mm,Z 向精加工余量 0.5 mm
N50 G41 G00 X30. S1000;	精加工路线第一段,刀具半径左补偿
G01 Z−8.0 F0.1;	加工 φ30 mm 内孔面
X24.0 Z−21.;	加工内锥面
Z−25.0;	加工 φ24 mm 内孔面
G03 X20.0 Z−27. R2.;	加工 R2 圆弧
G01 X17.;	精加工路线末段
N100 G40 X15.;	取消刀补
G70 P50 Q100;	内孔精加工循环
G00 Z100.;	Z 方向退刀
X100.0;	X 方向退刀
M05;	主轴停转
M30;	程序结束

二、G76 螺纹切削复合循环指令加工内螺纹

在螺纹的指令中,使用 G32 指令编程时程序烦琐,G92 指令相对较简单且容易掌握,但需计算出每一刀的编程位置,而采用螺纹切削循环指令 G76 并给定相应螺纹参数,只用两个程序段就可以自动完成螺纹粗、精多次路线的加工。

该指令用于多次自动循环车螺纹,在数控加工程序中只需指定一次,并在指令中定义好有关参数,就能自动进行加工。车削过程中,除第一次车削深度外,其余各次车削深度自动计算,G76 螺纹切削复合循环的切削路线,如图 7-27 所示。G76 循环单边切削参数如图 7-28 所示。

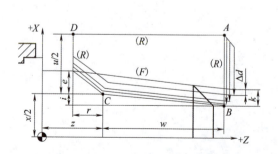

图 7-27 G76 螺纹切削复合循环的切削路线

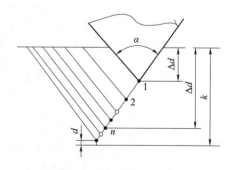

图 7-28 G76 循环单边切削参数

指令格式：

G76 P(m)(r)(α) Q(Δd_{min}) R(Δd);
G76 X(u) Z(w) R(i) P(k) Q(Δd) F(L);

说明如下。

m 为精加工次数（1~99），为模态值；r 为退尾倒角量，数值为 $0.01L$（介于 00~99 之间），为模态值；$α$ 为刀尖角，为模态值；Δd_{min} 为最小切削深度（半径值）；i 为螺纹两端的半径差，如 $i=0$，为圆柱螺纹切削方式；k 为螺纹单边牙深（半径值）；Δd 为第一刀切削深度（半径值）；L 为螺纹导程。

例 7-4 如图 7-29 所示，用 G76 车削内螺纹。内螺纹加工程序见表 7-14。

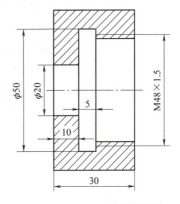

图 7-29 用 G76 车削内螺纹

表 7-14 内螺纹加工程序

程序	程序说明
O7302;	程序号
T0303;	设置工件坐标系
M04 S700;	主轴反转，转速为 300 r/min
G01 X40.0 Z5.0 F3.0;	X，Z 轴快速定位到循环起点小于毛坯直径
G76 P012060 Q100 R0.05;	P012060 精加工 1 次，倒角量 2F，60°三角螺纹；最小切深 0.1 mm（半径），R50 精加工余量 0.05 mm
G76 X48.0 Z-18.0 R0 P974 Q400 F1.5;	螺纹大径 48 mm，R0 直螺纹，P974 牙深 0.974 mm，Q400 第一刀切 0.4 mm 深（半径值）
G00 X100.0 Z100.0;	刀具回换刀点
M30;	程序结束

任务实施

一、确定加工方案和切削用量

采用三爪自定心卡盘夹持 φ36 mm 外圆，顶在梯形槽左侧面。椭圆轴内孔加工方案见表 7-15。

表 7-15 椭圆轴内孔加工方案

工序	加工内容	加工方法	选用刀具
1	车平右端面保证零件总长 63±0.095 mm	车削	90°外圆车刀
2	钻 φ3 mm 中心孔	钻削	φ3 mm 中心钻
3	钻 φ20 mm 内孔	钻削	φ20 mm 麻花钻
4	粗、精车内孔	粗、精车	90°内孔车刀
5	车内螺纹	车削	内孔螺纹刀

确定加工方案和刀具后,要选择合适的刀具切削参数,见表 7-16。

表 7-16 刀具切削参数

刀具号	刀具参数	加工方法	背吃刀量/mm	主轴转速/(r·min^{-1})	进给率/(mm·r^{-1})
T01	90°外圆车刀	粗车	最大为2.5	600	0.3
		精车	0.5	1 000	0.1
T02	φ3 mm 中心钻	—	—	400	0.05
T03	φ20 mm 麻花钻	—	—	300	0.1
T04	90°内孔车刀	粗车	最大为2	600	0.3
		精车	0.5	1 000	0.1
T05	内孔螺纹刀	—	0.4	700	1.5

二、确定工件坐标系和对刀点

以零件右端面与回转轴线交点为工件原点,坐标系如图 7-30 所示。

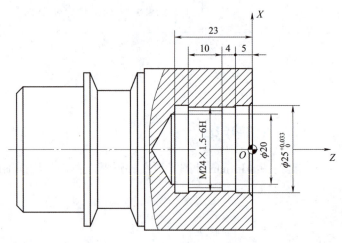

图 7-30 坐标系及装夹示意图

三、程序编制

椭圆轴参考程序见表 7-17。

表 7–17 椭圆轴参考程序

程序	程序说明
O7303；	程序号
T0101；	换 1 号刀（外圆车刀），建立工件坐标系
M04 S600；	主轴以 600 r/min 反转（后置刀架）
G01 X57.0 Z0 F3 M09；	快速进刀到端面切削起点，切削液开
G01 X–1.0 F0.1；	切端面
Z1.0；	Z 向退刀
G00 X100.0 Z100.0；	快速退到换刀点
T0202；	换 2 号刀（中心钻）
M03 S400；	
G01 X0 Z3.0 F3；	快速定位到钻中心孔的起点
G01 Z–4.0 F0.05；	钻中心孔深 4 mm
Z3. F1.0；	Z 向退刀
G00 Z150.0；	快速退到换刀点
T0303；	换 3 号刀（φ20 mm 麻花钻）
M03 S300；	
G01 X0 Z10.0 F3；	快速定位到钻孔的起点
G74 R2.0；	R2.0 表示每次钻深到一定深度后 Z 向后退 2.0 mm
G74 Z–22.0 Q5000 F0.1；	Q5000 表示每次钻深 5 mm，钻孔深 22 mm
Z100.0；	退刀，关闭切削液
T0404；	换 4 号刀（内孔车刀）
M04 S600；	
G01 X20.0 Z2 F3；	快速定位到加工内孔循环起点
G71 U2.0 R1.0；	
G71 P1 Q2 U1.0 W0.5 F0.2；	粗车内孔，X 方向留余量 1 mm，Z 方向留余量 0.5 mm
N1 G00 G41 X31.016 S1000；	
G01 X25.016 Z–1.0 F0.1；	
G01 Z–10.0；	
G01 X22.376；	
G01 Z–22.0；	
N2 G40 G01 X19.0；	
G70 P1 Q2；	精车内孔至图纸要求尺寸
G00 Z150.0；	Z 方向退刀
T0505；	换 5 号刀（内孔螺纹刀）
G01 X20.0 Z2.0 F3.0；	快速定位到内螺纹切削起点（X 值小于等于底孔直径）
G76 P012060 Q100 R0.05；	
G76 X24.0 Z–18.0 P974 Q400 F1.5；	
G00 Z150.0 M09；	Z 方向退刀，切削液关，完成内螺纹加工
M05；	主轴停转
M30；	程序结束

四、机床加工

操作过程同项目二任务2的相关内容。完成任务工单8。

内孔螺纹刀的对刀操作。

检测尺寸精度，主要包括直径和长度尺寸，要符合图样中的尺寸要求。

机床内螺纹刀对刀视频

任务评价

对任务完成情况进行评价，并填写任务评价表7-18。

表7-18 任务评价表

序号	评价项目		自评			师评		
			A	B	C	A	B	C
1	职业素养	工位保持清洁，物品整齐						
		着装规范整洁，佩戴安全帽						
		操作规范，爱护设备						
2	程序编制	程序号						
		选用刀具，确定工件坐标系						
		主轴旋转，切削液开						
		编制粗加工程序段						
		编制精加工程序段						
		退刀，切削液关						
		程序结束						
3	机床加工	接通机床电源						
		毛坯安装						
		刀具安装						
		对刀（部分机床不用回参考点）						
		上传NC程序或手动输入程序						
		图形模拟及试运行						
		空运行及自动运行						
		零件测量						
	综合评定							

扩展任务

图 7-31 所示的定位套零件，毛坯为 φ60 mm×70 mm 的棒料，材料为 45 钢。请编写零件的加工程序。

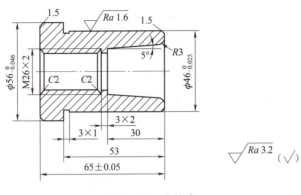

图 7-31 定位套

任务工单 8

工作任务		数控车床钻内孔	
小组号		工作组成员	
工作时间		完成总时长	
工作任务描述			

使用 G74 指令钻内孔

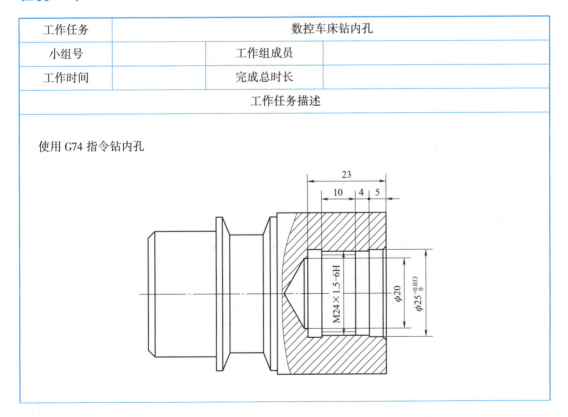

项目七　FANUC-0i 系统套类零件编程与加工

续表

小组分工	姓名	工作任务

操作过程记录单

步骤	填写内容	说明
1. 对刀信息		
2. 编制程序		
3. 自动加工		
4. 测量		
验收评定		验收人签名

总结反思

学习收获	
创新改进	
问题反思	

项目八 FANUC-0i 系统非圆二次曲线类零件编程与加工

任务1 含公式曲线编程

教学目标

(1) 掌握宏程序的概念及特征。
(2) 掌握变量的概念及用法。
(3) 掌握变量运算指令的格式及用法。
(4) 掌握含曲线零件编程的方法。
(5) 培养学生遇到复杂问题勇于探究与实践的精神。
(6) 培养学生精益求精的工匠精神。

任务描述

机械加工中常有由复杂曲线所构成的非圆曲线（如椭圆曲线、抛物线、双曲线和渐开线等）轴，如图8-1所示。随着工业产品性能要求的不断提高，非圆曲线零件的作用日益重要，其加工质量往往成为生产制造的关键。数控机床的数控系统一般只具有直线插补和圆弧插补功能，非圆曲线形状的工件在数控车削中属于较复杂的零件类别，一般运用拟合法来进行加工。而此类方法的特点是，根据零件图纸的形状误差要求，把曲线用许多小段的直线来代替。若能灵活运用宏程序，则可以方便简捷地进行编程，从而提高加工效率。

图 8-1 非圆曲线轴

任务目的

掌握变量的概念和用法，掌握使用宏程序编制含曲线零件程序的方法。

> 知识链接

一、宏程序的概念

用户宏程序是 FANUC 数控系统及类似产品中的特殊编程功能。其实质与子程序相似,也是把一组实现某种功能的指令,以子程序的形式预先存储在系统存储器中,通过宏程序调用指令执行这一功能。在主程序中,只要编入相应的调用指令就能实现这些功能。

宏程序:一组以子程序的形式存储并带有变量的程序称为用户宏程序,简称宏程序。

宏指令:调用宏程序的指令称为用户宏程序指令或宏程序调用指令,简称宏指令。

用户宏程序的主要特征有以下几个方面。

(1) 可以使用变量。

(2) 可以进行变量之间的运算。

(3) 可以用宏指令对变量进行赋值。

使用宏程序的主要方便之处在于,可以用变量代替具体数值,因此在加工同一类的工件时,只需将实际的值赋予变量即可,而不需要对每一个零件都编一个程序。

二、宏程序的种类

FANUC 系统提供两种宏程序,即 A 类宏程序和 B 类宏程序。A 类宏程序可以说是 FANUC 系统的标准配置功能,任何配置的 FANUC 系统都具备此功能,B 类宏程序虽然不算是 FANUC 系统的标准配置功能,但是绝大部分的 FANUC 系统也都支持 B 类宏程序。

由于 A 类宏程序需要使用 G65 Hm 格式的宏指令来表达各种数学运算和逻辑关系,不太直观,可读性较差,因此在实际工作中使用较少。FANUC 0TD 系统采用 A 类宏程序,FANUC–0i 系统采用 B 类宏程序。B 类宏程序在生产实际中使用较广泛,下面将介绍 B 类宏程序的使用。

三、变量及变量的使用方法

一个普通的零件加工程序需要指定 G 功能代码并直接用数字值表示移动的距离,如 G00 X100.0。而利用宏程序,既可以直接使用数字值也可以使用变量号码。当使用变量号时,变量值既可以由程序改变,也可以用 MDI 面板改变。

1. 变量

1) 变量的形式

变量是指可以在宏程序的地址上代替具体数值,在调用宏程序时再用引数进行赋值的符号: $\#i(i=1,2,3,\cdots)$。使用变量可以使宏程序具有通用性。宏程序中可以使用多个变量,以变量号码进行识别。

变量是用符号#后面加上变量号码所构成的,即

$\#i$ $(i=1,2,3,\cdots)$

例如, #5

#109

#1005

宏程序也可用"#[表达式]"的形式来表示,如#[#100]、#[#1001-1]、#[#6/2]。

2) 变量的引用

地址符后的数值可以用变量置换。例如,若写成 F#33,则当#33=1.5 时,与 F1.5 相同;Z-#18,当#18=20.0 时,与 Z-20.0 指令相同。

需要注意,作为地址符的 O、N 等,不能引用变量。O#27,N#1 是错误的。

3) 未定义变量

当变量值未定义时,这样的变量称为空变量。变量#0 总是空变量。

4) 定义变量

当在程序中定义变量时,整数值的小数点可以省略,例如,当定义#10=120 时,变量#10 的实际值是 120.000。

5) 变量的类型

变量从功能上主要可归纳为两种,见表 8-1。

(1) 系统变量(系统占用部分),用于系统内部运算时各种数据的存储。

(2) 用户变量,包括局部变量和公共变量,用户可以单独使用。系统把用户变量作为处理资料的一部分。

表 8-1 变量的类型

变量号	变量类型	功能
#0	空	该变量值总为空
#1~#33	局部变量	只能在一个宏程序中使用
#100~#149(#199) #500~#531(#999)	公共变量	在各宏程序中可以公用的
#1000	系统变量	固定用途的变量

①局部变量(#1~#33)是在宏程序中局部使用的变量。当宏程序 1 调用宏程序 2 而且都有变量#1 时,由于变量#1 服务于不同的局部,所以 1 中的#1 与 2 中的#1 不是同一个变量,因此可以赋予不同的值,且互不影响。

②公共变量(#100~#149(#199)、#500~#531(#999))贯穿于整个程序过程。当宏程序 1 调用宏程序 2 而且都有变量#100 时,由于#100 是全局变量,所以 1 中的#100 与 2 中的#100 是同一个变量。

2. 变量的赋值

赋值是指将一个数据赋予一个变量。例如,#1=0,则表示#1 的值是 0。其中,#1 代表变量,"#"是变量符号(注意:根据数控系统的不同,它的表示方法可能有差别),0 就是给变量#1 赋的值。这里的"="是赋值符号,起语句定义作用。

赋值的规则如下。

(1) 赋值号"="两侧内容不能随意互换,左侧只能是变量,右侧可以是表达式、数值或变量。

（2）一个赋值语句只能给一个变量赋值。

（3）可以多次给一个变量赋值，新变量值将取代原变量值（即最后赋的值生效）。

（4）赋值语句具有运算功能，它的一般形式为：变量 = 表达式。在赋值运算中，表达式可以是变量自身与其他数据的运算结果，例如，#1 = #1 + 1，则表示#1 的值为#1 + 1，这一点与数学运算有所不同。

（5）赋值表达式的运算顺序与数学运算顺序相同。

（6）辅助功能（M 指令）的变量有最大值限制，例如，将 M30 赋值为 300 显然是不合理的。

3. 关于变量的说明

（1）当用表达式指定变量时，要将表达式放在方括号中。如#［#1 + #2］。

（2）当在程序中定义变量时，小数点可以省略。如，当定义#1 = 123，变量#1 的实际值是 123.000。

（3）被引入变量的值根据地址的最小设定单位自动舍入。例如，当 G00 X #1；以 1/1 000 mm 的单位执行时，12.3456 赋值给变量#1，实际指令值为 G00 X12.346；。

（4）改变引用的变量值的符号，要把负号放在"#"的前面。例如，G00 X - #1。

四、运算指令

宏程序具有赋值、算术运算、逻辑运算、函数运算等功能，具体见表 8 - 2。

表 8 - 2　宏程序功能表

运算	格式	说明
赋值	#i = #j	
加	#i = #j + #k	
减	#i = #j - #k	
乘	#i = #j * #k	
除	#i = #j/#k	
正弦	#i = SIN［#j］	角度的单位为（°），如：90°30′应表示为 90.50°
余弦	#i = COS［#j］	
正切	#i = TAN［#j］	
反正切	#i = ATAN［#j］	
平方根	#i = SQRT［#j］	
绝对值	#i = ABS［#j］	
四舍五入圆整	#i = ROUND［#j］	
或	#i = #j OR #k	逻辑运算对二进制数逐位进行
异或	#i = #j XOR #k	
与	#i = #j AND #k	

运算的优先顺序：函数；乘除、逻辑与；加减、逻辑或、逻辑异或。

例如，#1 = #2 - #3 * COS[#4]

其运算顺序为：①函数，COS[#4]；②乘，#3 *；③减，#2 -。可以用[ ]来改变顺序，最多可到 5 重。

五、控制指令

控制指令可以控制用户宏程序主体的程序流程，常用的控制指令有无条件转移、条件转移和循环 3 种。

1. 无条件转移（GOTO 语句）

指令格式：

GOTO n;

其中，n 为顺序号（1~99 999）。该指令的功能是转移（跳转）到标有顺序号 n（即俗称的行号）的程序段。当指定 1~99 999 以外的顺序号时，会触发 P/S 报警 No.128。

例如，GOTO 99；即转移至第 99 行。

2. 条件转移（IF 语句）

IF 之后指定条件表达式。

1）IF[＜条件表达式＞] GOTO n

指令格式：

IF [条件式] GOTO n;

说明如下。

该指令表示当指定的条件表达式满足时，则转移（跳转）到标有顺序号 n（即俗称的行号）的程序段；如果不满足指定的条件表达式，则顺序执行下个程序段。如图 8-2 所示，其含义为如果变量#1 的值大于 100，则转移（跳转）到顺序号为 N99 的程序段。

图 8-2　条件转移语句举例

IF 语句说明如下。

（1）如果条件表达式的条件得以满足，则转而执行程序中程序段号为 n 的相应操作，程序段号 n 可以由变量或表达式替代。

（2）如果表达式中条件未满足，则顺序执行下一段程序。

（3）如果程序作无条件转移，则条件部分可以被省略。

（4）表达式可按如下格式书写。

```
#j  EQ  #k        表示 =
#j  NE  #k        表示 ≠
#j  GT  #k        表示 >
#j  LT  #k        表示 <
#j  GE  #k        表示 ≥
#j  LE  #k        表示 ≤
```

例 8 – 1 求 1 ~ 10 之间的所有自然数的和,并使刀具按运算结果走出相应的轨迹。

```
O0801;                      宏程序号
N10 T0101;
N20   #1 = 0;               结果的初值
N30   #2 = 1;               加数的初值
N40 IF [#2 GT 10] GOTO 90;  若加数大于10,则程序转移到90
N50   #1 = #1 + #2;         计算结果
N60   #2 = #2 + 1;          下一个加数
N70   G01 X#1 Z#2 F0.1;     刀具运动,到达运算所得的坐标点
N80   GOTO 40;              程序转移到 N40
N90   M30;                  程序结束
```

2) IF [<条件表达式>] THEN

如果指定的条件表达式满足,则执行预先指定的宏程序语句,而且只执行一个宏程序语句。例如:

IF [#1 EQ #2] THEN #3 = 10;如果#1 和#2 的值相同,则将 10 赋值给#3。

3. 循环 (WHILE 语句)

指令格式:

```
WHILE [条件表达式] DO m;
    ...
        END m;
```

说明如下。

在 WHILE 后指定一个条件表达式,当指定条件满足时,则执行从 DO 到 END 之间的程序;否则,转到 END 后的程序段。DO 后面的数值 m 是指定程序执行范围的标号,标号值为 1,2,3。如果使用了 1,2,3 以外的值,会触发 P/S 报警 No. 126。

WHILE 语句的使用方法如图 8 – 3 所示。

1) 嵌套

DO m;…END m;循环中的标号 m (1~3) 可根据需要多次使用。但是需要注意的是,无论怎样多次使用,标号永远限制在 1,2,3。此外,当程序有交叉重复循环(DO 范围的重叠)时,会触发 P/S 报警 No. 124。以下为关于嵌套的详细说明。

(1) 标号 m (1~3) 可以多次使用,如图 8 – 4 所示。

(2) DO 的范围不能交叉,如图 8 – 5 所示。

(3) DO 循环可以 3 重嵌套,如图 8 – 6 所示。

(4) (条件) 转移可以跳出循环,如图 8 – 7 所示。

(5) (条件) 转移不能进入循环区内,如图 8 – 8 所示。

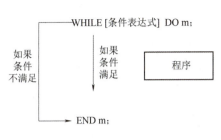

图 8-3 WHILE 语句的使用方法

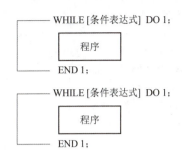

图 8-4 标号（1~3）可以多次使用

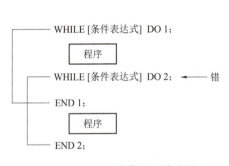

图 8-5 DO 的范围不能交叉

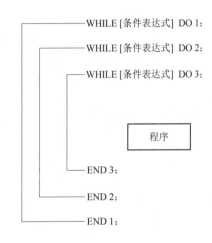

图 8-6 循环可以 3 重嵌套

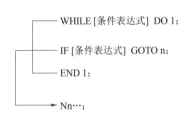

图 8-7 条件转移可以跳出循环

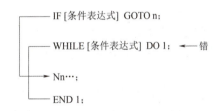

图 8-8 条件转移不能进入循环区内

3）关于循环（WHILE 语句）的其他说明

（1）DO m 和 END m 必须成对使用，而且 DO m 一定要在 END m 指令之前，用识别号 m 来识别。

（2）当指定 DO 而没有指定 WHILE 语句时，将产生从 DO 到 END 之间的无限循环。

（3）在使用 EQ 或 NE 的条件表达式中，值为空和值为零将会有不同的效果，而在其他形式的条件表达式中，空即被当作零。

（4）条件转移（IF 语句）和循环（WHILE 语句）从逻辑关系上说，两者不过是从正反两个方面描述同一件事情；从实现的功能上说，两者具有相当程度的相互替代性；从具体的用法和使用的限制上说，条件转移受到系统的限制相对更少，使用更灵活。

例 8-2 求 1 到 10 之和。

```
O0802;
#1 = 0;
#2 = 1;
WHILE [#2 LE 10] DO 1;
#1 = #1 + #2;
#2 = #2 + 1;
END 1;
M30;
```

六、含曲线类零件曲线段车削加工模板

应用宏程序编程对可以用函数公式描述的工件轮廓或曲面进行数控加工,是现代数控系统一个重要的新功能和方法,但是使用宏程序编程用于数控加工含公式曲线零件轮廓时,需要具有一定的数学和高级语言基础,要快速熟练准确地掌握较为困难。

含公式曲线编程
模板讲解视频

事实上,数控加工公式曲线段的宏程序编制具有一定的规律性,编制含公式曲线零件曲线段加工宏程序的基本步骤的变量处理见表 8-3。

表 8-3 编制含公式曲线零件曲线段加工宏程序的基本步骤的变量处理

步骤	步骤内容	变量表示		宏变量
1	选择自变量(X、Z二选一)	X	Z	#i
2	确定自变量的定义域	X [Xa Xb]	Z [Za Zb]	—
3	用自变量表示因变量的表达式	$Z = f(x)$	$X = f(z)$	#j = f(#i)

(1) 选择自变量。
①公式曲线中的 X 和 Z 坐标任意一个都可以被定义为自变量。
②一般选择变化范围大的一个作为自变量。数控车削加工时,通常将 Z 坐标选定为自变量。
③根据表达式方便情况来确定 X 或 Z 作为自变量。
④宏变量的定义可根据个人习惯设定。
(2) 确定自变量的起止点坐标值(即自变量的定义域)。
自变量的起止点坐标值是相对于公式曲线自身坐标系的坐标值(例如,椭圆自身坐标原点为椭圆中心,抛物线自身坐标原点为其顶点)。其中起点坐标为自变量的初始值,终点坐标为自变量的终止值。
(3) 确定因变量相对自变量的宏表达式。

任务实施

编制公式曲线宏程序的精加工宏程序时,可按表 8-4 程序流程进行编程,表中程序在实际工作中可当成编程模板套用。根据说明可完成公式曲线宏程序的编程。

表 8-4 程序流程

步骤	程序	说明
第 1 步	... N10 #i = _____	给自变量 #i 赋值 a
第 2 步	N20 WHILE [_____] DO1	条件判断,如果满足条件,则执行 N30 程序段
第 3 步	N30 #j = _____	用自变量表示因变量表达式
第 4 步	N40 G01 X [____ +g] Z [____ +h]	直线拟合曲线 g 为曲线本身坐标原点在工件坐标系下的 X 坐标值 h 为曲线本身坐标原点在工件坐标系下的 Z 坐标值
第 5 步	N50 #i = _____	自变量递变一个步长
第 6 步	N60 END1	条件不满足时结束循环

任务评价

对任务完成情况进行评价,并填写任务评价表 8-5。

表 8-5 任务评价表

序号	评价项目		自评			师评		
			A	B	C	A	B	C
1	职业素养	工位保持清洁,物品整齐						
		着装规范整洁,佩戴安全帽						
		操作规范,爱护设备						
2	程序模板制作	变量用法						
		判断用法						
		变量表达式						
		直线拟合曲线						
		自变量递变						
	综合评定							

扩展任务

(1) 什么是用户宏程序,用户宏程序有哪些特征?
(2) 试写出控制指令的格式。

任务 2　椭圆零件编程与加工

教学目标

（1）掌握椭圆方程宏变量表达式。
（2）掌握公式曲线模板的用法。
（3）掌握宏程序编制含椭圆曲线零件的加工程序的方法。
（4）掌握数控车床加工配合件的方法。
（5）培养学生遇到复杂问题勇于探究与实践的精神。
（6）培养学生精益求精的工匠精神。

任务描述

图 8-9 所示零件的右端由椭圆构成，用 G01，G02，G03 等直线、圆弧插补常规方法处理这部分较难，拟合的节点计算也相当烦琐复杂，而且表面质量和尺寸要求都很难保证。最好的方法是用宏程序加工椭圆。本任务要求加工图 8-9 所示零件椭圆部分并测量合格与否。

图 8-9　含椭圆配合零件

任务目的

掌握使用宏程序编程加工含椭圆曲线零件的方法。

知识链接

一、加工椭圆的思路

使用宏程序编程首先得理解曲线方程,明确加工思路。

用直线段逼近,按 Z 方向进行变化,ΔZ 越小,越接近轮廓,求出每一个点(X,Z)值,如图 8-10 所示。运用表 8-4 非圆曲线宏程序模板,就可以快速准确地实现零件公式曲线轮廓的编程和加工。

加工图 8-11 所示的椭圆轮廓,棒料直径为 φ45,编程零点放在工件右端面。

(1) 如图 8-11 所示变量定义如下。

#1 为椭圆长轴 a,变量值#1 = 60;#2 为椭圆短轴 b,变量值#2 = 20;#3 为椭圆加工终点角度极坐标值;#4 为椭圆角度极坐标值 α;#24 为椭圆加工中到达某一点的 X 轴坐标值(直径量);#26 为椭圆加工中到达某一点的 Z 轴坐标值;#9 为进给速度。

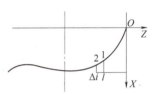

图 8-10 步长为 Δi 时刀具的 X,Z 的值示意图

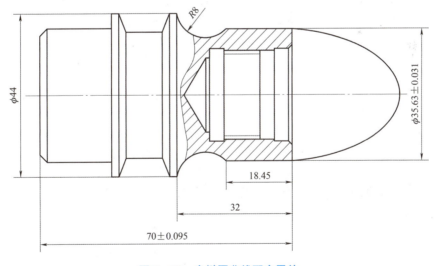

图 8-11 含椭圆曲线配合零件

(2) 根据标准椭圆方程式编程加工。标准椭圆的方程式为

$$\frac{Z^2}{a^2} + \frac{X^2}{b^2} = 1$$

①若以 Z 为自变量时,加工到达某一点的 X 坐标值,转换公式计算#24 值

$$X = \frac{2b}{a}\sqrt{a^2 - Z^2} \quad （直径量）$$

即 #24 = [2*#2/#1] * SQRT[#1*#1 - #26*#26]（直径量）。

②若以 X 为自变量时，加工到达某一点的 Z 坐标值，转换公式计算#26 值

$$Z = \frac{a}{b}\sqrt{b^2 - X^2}$$

即 #26 = [#1/#2] * SQRT[#2*#2 - #24*#24]。

含椭圆曲线零件用标准公式加工宏程序变量处理见表 8-6。编制精加工图 8-11 椭圆曲线段宏程序见表 8-7。

表 8-6 含椭圆曲线零件用标准公式加工宏程序变量处理

步骤	步骤内容	变量表示	宏变量
1	选择自变量	Z	#26
2	确定自变量的定义域	Z [60 0]	—
3	用自变量表示因变量的表达式	$X = \frac{2b}{a}\sqrt{a^2 - Z^2}$	#24 = [2*#2/#1] * SQRT[#1*#1 - #26*#26]

表 8-7 精加工图 8-11 椭圆曲线段宏程序

程序	说明
#1 = 60 #2 = 20 #26 = 30	给自变量#i 赋值
WHILE [#26 GE 0] DO1	条件判断
#24 = [2*#2/#1] * SQRT[#1*#1 - #26*#26]	用自变量表示因变量表达式
G01 X[#24] Z[#26 - 30] F0.1;	直线拟合曲线 曲线本身坐标原点在工件坐标系下的 X 坐标值为 0 曲线本身坐标原点在工件坐标系下的 Z 坐标值为 -30
#26 = #26 - 1.	自变量递变一个步长
END1	条件不满足时结束循环

含椭圆曲线零件用参数方程加工宏程序变量处理见表 8-8 所示。编制精加工图 8-10 椭圆曲线段宏程序见表 8-9 所示。

表 8-8 含椭圆曲线零件用参数方程加工宏程序变量处理

步骤	步骤内容	变量表示	宏变量
1	选择自变量	α（椭圆上某点的极坐标角度）	#4
2	确定自变量的定义域	Z [0 90]	—
3	用自变量表示因变量的表达式	X = bsinα Z = acosα	#24 = 2*#2 * SIN[#4] #26 = #1 * COS[#4]

表 8-9　用参数方程精加工椭圆曲线段宏程序

程序	说明
#1 = 30； #2 = 15； #4 = 0；	给自变量#i 赋值
WHILE［#4 LE 157］DO1；	条件判断
#24 = 2 * #2 * SIN［#4］ #26 = #1 * COS［#4］	用自变量表示因变量表达式
G01 X［#24］Z［#26 - 30］F0.1；	直线拟合曲线
#4 = #4 + 1	自变量递变一个步长
END1	条件不满足时结束循环

任务实施

一、编制程序

编制图 8-11 所示含椭圆曲线配合零件加工程序。根据说明补充表 8-10 左列程序内容，见表 8-10。

表 8-10　右端加工程序

程序	程序说明
O8001；	程序号
T＿＿＿＿＿＿；	刀具
M＿＿＿ S1000；	转向转速
G00 X＿＿＿ Z0；	快速到 Z0 点
G01 X＿＿＿. F0.05；	切削端面至总长
G00 X＿＿ Z＿＿；	快速移动循环切削起点
G73 U＿＿ R＿＿；	成形面粗车循环
G73 P＿＿ Q＿＿ U＿＿ W＿＿ F＿＿；	
N＿＿ G4＿＿ G00 X＿＿ Z＿＿ S1500；	起点，建立刀补
#1 = ＿＿；	椭圆长半轴
#2 = ＿＿；	椭圆短半轴
#26 = ＿＿；	Z 在椭圆曲线上的初始值
WHILE［#26 GE 5.］DO1；	判断式（与椭圆曲线上终点值比较）
#24 =［2 * #2/#1］* SQRT［#1 * #1 - #26 * #26］；	用自变量 Z 表示因变量 X 表达式
G01 X［#24］Z［#26 - 35.］F0.1；	直线拟合椭圆曲线
#26 = #26 - 1.；	自变量递变一个步长

项目八　FANUC-0i 系统非圆二次曲线类零件编程与加工

续表

程序	程序说明
END1；	条件不满足时结束循环
G01 Z ____；	至直线与圆弧的交点
G02 X43.987 Z-55. R8.；	凹圆弧
N ____ G40 G01 X ____；	循环终点，取消刀补
G70 P ____ Q ____；	精车从起点到终点
G00 X50.0 Z50.0；	返回安全点
M05；	主轴停转
M30；	程序结束

二、仿真操作

步骤同项目二任务 2 中表 2-10 的相关内容。

三、数控车床加工

将配合件的左端内螺纹和右端外螺纹件组合在一起，切出零件总长，加工出右端含椭圆曲线件。操作步骤见表 8-11。完成任务工单 9。

表 8-11　数控车床加工步骤

操作步骤	操作说明	示意图
1	安装工件。用铜皮包裹零件左端装夹，将外螺纹件旋入内螺纹	
2	对刀。X 向对刀；Z 向对刀	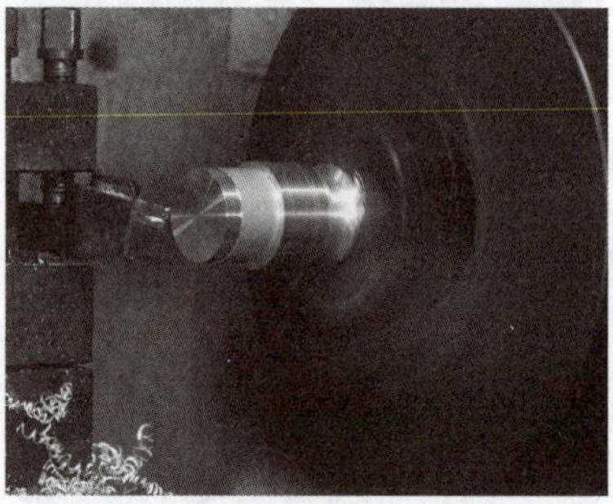

续表

操作步骤	操作说明	示意图
3	输入程序,加工工件	
4	卸下工件	
5	进行测量	

任务评价

对任务完成情况进行评价,并填写任务评价表 8 – 12。

表 8-12 任务评价表

序号	评价项目		自评			师评		
			A	B	C	A	B	C
1	职业素养	工位保持清洁,物品整齐						
		着装规范整洁,佩戴安全帽						
		操作规范,爱护设备						
2	程序编制	主轴转向转速设定						
		粗车指令的运用						
		宏程序编椭圆曲线赋值						
		判断用法						
		变量表达式						
		直线拟合曲线						
		自变量递变						
3	数控车床加工零件	工件安装						
		刀具选择						
		对刀						
		输入程序						
		自动加工						
4	测量	测量						
	综合评定							

扩展任务

使用椭圆参数方程编写图 8-12 所示零件的粗、精加工程序。

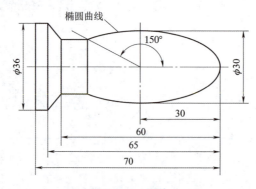

图 8-12 零件

任务工单 9

工作任务		数控车床椭圆轴外圆加工	
小组号		工作组成员	
工作时间		完成总时长	
工作任务描述			

使用宏程序加工椭圆轴外轮廓

小组分工	姓名	工作任务

操作过程记录单		
步骤	填写内容	说明
1. 对刀信息		
2. 编制程序		
3. 自动加工		
4. 测量		
验收评定	验收人签名	

项目八　FANUC–0i 系统非圆二次曲线类零件编程与加工

续表

总结反思	
学习收获	
创新改进	
问题反思	

项目九　FANUC–0i 系统配合套件编程与加工

螺纹配合零件、锥面配合零件、椭圆配合零件是实际应用中使用非常多的几类零件，在数控加工中常遇到的螺纹配合类零件主要有螺栓、螺母配合，管道的内外管配合和螺纹传动配合等；锥面配合类零件主要有锥面、锥孔配合，莫氏锥度配合和主轴锥孔与刀具锥柄配合等。

采用数控车床编制程序对这些零件进行加工是最常用的加工方法。对于一般的螺纹加工，可采用 G32 或 G92 简单螺纹指令加工，对于复杂的或多线螺纹零件，只能用螺纹复合循环指令进行加工。对于一般的锥面加工，可采用 G01 简单直线指令加工，对于复杂的带锥面零件，只能用轮廓复合循环指令进行加工。对于一般的椭圆，可采用宏程序指令进行加工，对于复杂的椭圆类零件，可用自动编程的方法进行加工。本项目采用宏程序进行编程，主要是巩固前面所学宏程序编程指令。

任务1　螺纹配合的配合件的编程与加工

教学目标

（1）掌握含螺纹配合类零件的结构特点和加工工艺特点。
（2）掌握含螺纹配合类零件的工艺编制方法。
（3）掌握含螺纹配合类零件的程序编程方法。
（4）针对加工零件，能分析含螺纹配合类零件的结构特点、加工要求，理解加工技术要求。
（5）分析并正确选择设备、刀具、夹具与切削用量，能编制数控加工工艺卡。
（6）能使用相应的指令正确编制配合零件的数控加工程序。

任务描述

加工一批螺纹配合零件，配合精度及尺寸要求如图 9–1 所示，零件材料为 45 钢，每一套件所给毛坯尺寸为 $\phi50$ mm×115 mm。

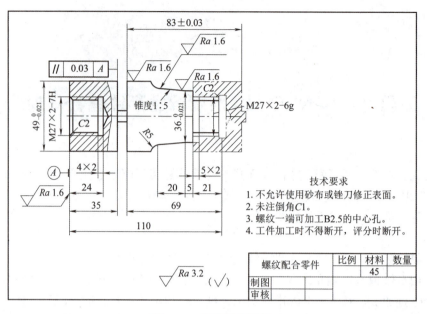

图 9-1 螺纹配合零件

知识链接

一、确定加工工艺参数

1. 车削背吃刀量的确定

（1）外圆车削加工的背吃刀量 a_p 按照经验值，粗加工时取 1~3 mm，精加工时取 0.1~0.5 mm。

（2）由于内轮廓加工的刀具刚性差，并且内轮廓加工的余量一般都比较小，所以内圆车削加工的背吃刀量 a_p 按照经验取值，粗加工时取 1~1.5 mm，精加工时取 0.1~0.5 mm。

（3）螺纹加工的背吃刀量按照螺纹的螺距或导程确定，本螺纹配合件螺距为 2 mm。按照经验分 5 次走刀切削，5 次切削背吃刀量分别为 0.9 mm，0.6 mm，0.6 mm，0.4 mm，0.1 mm。

（4）该工件的切槽加工为退刀槽，因精度不高，切削余量不大，可直接切到槽底。切断时可手动进给切削。

2. 车削进给量的确定

（1）在外圆和内轮廓粗加工循环时，为提高加工效率，应选用较大的进给量，进给速度根据经验值取 0.2~0.5 mm/r。在外圆和内轮廓精加工循环时，为提高加工精度，应选用较小的进给量，进给速度根据经验值取小于 0.1 mm/r。

（2）切断和车槽时，因为切断刀和车槽刀刀头刚性不足，所以不宜选较大的进给量。进给速度根据经验值取 0.07 mm/r。

3. 切削速度

（1）在外圆和内轮廓粗加工循环时，为增加切削动力，增加主轴扭矩，应选用较小的主轴转速，主轴转速根据经验值取 600～800 r/min。

（2）在外圆和内轮廓精加工循环时，为提高加工精度，应选用较大的主轴转速，主轴转速根据经验值应不低于 1 200 r/min。

（3）用高速钢车刀切断钢料件时，v_c = 30～40 m/min；切断铸铁材料件时，v_c = 15～20 m/min。主轴速度根据经验值取 1 200 r/min。

二、螺纹配合零件的加工方案

选择本项目零件表面加工方案时，要注意以下两点。

1. 螺纹配合零件的技术要求

需要考虑螺纹配合零件加工表面的尺寸精度和粗糙度 Ra 值，以及零件的结构形状和尺寸大小，热处理情况，材料的性能以及零件的批量等。

（1）尺寸精度：长度、深度等。

（2）形状精度：圆度、圆柱度及轴线的直线度。

（3）位置精度：同轴度、平行度、垂直度。

（4）表面质量：表面粗糙度、表面硬度等。

（5）配合零件的配合尺寸、精度要求等。

2. 常用加工方案及特点

对于既有外表面又有内表面的零件，为保证加工精度和零件的刚度，应遵循先外后内的加工原则。本项目的螺纹配合零件，应先加工内表面配合件，后加工外表面配合件，遵循先简单后复杂的原则。外表面的螺纹加工应放在本零件加工最后一道工序完成。该零件车槽属于车削精度不高的和宽度较窄的沟槽，可用刀宽等于槽宽的车槽刀，采用一次直进法车出。

任务实施

一、工艺分析与工艺设计

1. 图样分析

分析图 9-1 所示螺纹配合零件的加工工艺。

2. 确定装夹方案

工件选用三爪卡盘装夹。

3. 确定加工方法和刀具

图 9-1 内外螺纹配合零件选择的加工方案为先加工左端的内配合零件后加工右端的外配合零件，具体加工方案如下。

（1）加工左端工件，工艺路线为：车端面→车外圆→打中心孔（用 φ20 mm 麻花钻钻孔，深度 24 mm）车内孔→车内槽→车内孔螺纹。

（2）调头加工右端工件，工艺路线为：掉头车端面保证总长→车外圆→车退刀槽→车螺纹→切断。

螺纹配合左端零件加工方案见表 9-1，螺纹配合右端零件加工方案见表 9-2。

表 9-1 螺纹配合左端零件加工方案

工序	加工内容	加工方法	选用刀具
1	车端面	端面车削	T0101　93°菱形外圆车刀
2	车外圆	外圆车削	T0101　93°菱形外圆车刀
3	打中心孔	钻削	T0707 中心钻
4	钻孔	钻削	T0808 麻花钻（φ20 mm）
5	车内孔	内孔加工	T0404 内孔镗刀
6	车内槽	车内槽	T0505 内切槽刀（刀宽 4 mm）
7	车内孔螺纹	内螺纹车削	T0606　60°内螺纹车刀

表 9-2 螺纹配合右端零件加工方案

工序	加工内容	加工方法	选用刀具
1	车端面	端面车削	T0101　93°菱形外圆车刀
2	车外圆	外圆车削	T0101　93°菱形外圆车刀
3	车槽	车退刀槽	T0202 切槽刀（刀宽 5 mm）
4	车螺纹	外螺纹车削	T0303　60°外圆螺纹刀
5	切断	切断	T0202 切槽刀（刀宽 5 mm）

4. 确定切削用量

刀具切削参数与刀具补偿见表 9-3。

表 9-3 刀具切削参数与刀具补偿

刀具号	刀具参数	背吃刀量/mm	主轴转速/$(r \cdot min^{-1})$	刀具补偿	进给率/$(mm \cdot r^{-1})$
T0101	93°菱形外圆车刀	3	700	D01	0.2
T0202	切槽刀（刀宽 5 mm）	—	500	D02	0.06
T0303	60°外圆螺纹刀	—	400	D03	2
T0404	内孔镗刀	2	700	D04	0.1
T0505	内切槽刀（刀宽 4 mm）	—	400	D05	0.05
T0606	60°内螺纹车刀	—	400	D06	2
T0707	中心钻		1000	H07	
T0808	麻花钻（φ20 mm）		1000	H08	

5. 确定工件坐标系和对刀点

图 9-1 是加工两个独立的零件，以各自工件右端面中心为工件原点，建立工件坐标系。采用手动对刀法对刀。

二、编制参考程序

螺纹配合左端零件加工程序见表 9-4，螺纹配合右端零件加工程序见表 9-5。

表 9-4　螺纹配合左端零件加工程序

程序	程序说明
O0001；	程序号
T0101；	换 1 号刀
M03　S700；	主轴正转，转速 700 r/min
G00　X52.0　Z3.；	X，Z 轴快速定位
G94　X20.0　Z0　F0.2；	端面切削循环
G00　X49.0；	
G01　Z-75.0　F0.2；	
X52.0；	
G00　X100.0　Z100.；	X，Z 快速退刀，回到刀具的初始位置
T0404；	换 4 号内孔镗刀
M03　S700；	主轴正转，转速 700 r/min
G00　X20.0　Z3.0；	X，Z 轴快速定位
G71　U1.5　R1.0；	内孔粗车削循环
G71　P1　Q2　U-0.4　W0.1　F0.2；	
N1　G00　X28.4；	内孔轮廓加工程序
G01　Z0　F0.1；	
X24.4　Z-2.0；	
Z-24.0；	
N2　X20.0；	
G70　P1　Q2；	内孔精车削循环
G00　Z100.0；	X，Z 快速退刀，回到刀具的初始位置
X100.0；	
T0505；	换 5 号内切槽刀
M03　S400；	主轴正转，转速 400 r/min
G00　X20.0　Z3.0；	X，Z 轴快速定位
G00　Z-24.0；	
G01　X28.4　F0.1；	内槽车削
X20.0　F0.2；	
G00　Z100.0；	X，Z 快速退刀，回到刀具的初始位置
X100.0；	
T0606；	换 6 号 60°内螺纹车刀
M03　S400；	主轴正转，转速 400 r/min
G00　X20.0　Z3.0；	X，Z 轴快速定位

续表

程序	程序说明
G92　X25.3　Z-22.0　F2.0；	内螺纹车削第一刀
G92　X25.9　Z-22.0　F2.0；	内螺纹车削第二刀
G92　X26.5　Z-22.0　F2.0；	内螺纹车削第三刀
G92　X26.9　Z-22.0　F2.0；	内螺纹车削第四刀
G92　X27.0　Z-22.0　F2.0；	内螺纹车削第五刀
G00　Z100.0；	快速退刀，回到刀具的初始位置
X100.0；	
M05；	主轴停转
M30；	程序结束

表9-5　螺纹配合右端零件加工程序

程序	程序说明
O0002；	程序号
T0101；	换1号刀
M03　S700；	主轴正转，转速700 r/min
G00　X52.0 Z3.0；	X，Z轴快速定位
G94　X0　Z0　F0.2；	端面切削循环
G71　U2.0 R1.0；	外圆粗车削循环
G71　P1 Q2 U0.6 W0.01 F0.2；	
N1 G00 X23.0；	外圆轮廓加工程序
G01　Z0　F0.1；	
X27.0 Z-2.0；	
Z-21.0；	
X36.0；	
W-5.0；	
X39.027　W-20.371；	
G02　X49.0 Z-51.0 R5.0；	
N2 G01　X52.0；	
G70　P1 Q2；	外圆精车削循环
G00　X100.0 Z100.0；	X，Z快速退刀，回到刀具的初始位置
T0202；	换2号切槽刀
M03　S500；	主轴正转，转速500 r/min
G00　X50.0 Z3.0 ；	X，Z轴快速定位
Z-21.0 ；	
X38.0 ；	
G01　X23.0 F0.1；	退刀槽车削
X40.0 F0.02；	
G00　X100.0 Z100.0 ；	X，Z快速退刀，回到刀具的初始位置
T0303；	换3号60°外圆螺纹刀
M03　S400；	主轴正转，转速400 r/min

续表

程序	程序说明
G00 X20.0 Z3.0；	X，Z 轴快速定位
G92 X26.1 Z-18.0 F2.0；	外螺纹车削第一刀
G92 X25.5 Z-18.0 F2.0；	外螺纹车削第二刀
G92 X24.9 Z-18.0 F2.0；	外螺纹车削第三刀
G92 X24.5 Z-18.0 F2.0；	外螺纹车削第四刀
G92 X24.4 Z-18.0 F2.0；	外螺纹车削第五刀
G00 X100.0；	X，Z 快速退刀，回到刀具的初始位置
Z100.0；	
M05；	主轴停转
M30；	程序结束

用切槽刀保证长度切开。

三、仿真加工

操作过程同项目二任务 2 中表 2-10 的相关内容。
仿真加工结果如图 9-2 所示。

图 9-2 仿真加工结果

四、机床加工

操作过程同项目二任务 2 中表 2-11 的相关内容。

五、零件检测

（1）学生对加工完的零件进行精度检验和工件配合检验。
（2）学生使用游标卡尺、塞规等量具对零件进行检测。

任务评价

对任务完成情况进行评价，并填写到任务评价表 9-6 中。

表 9-6 任务评价表

序号	评价项目		自评			师评		
			A	B	C	A	B	C
1	职业素养	工位保持清洁，物品整齐						
		着装规范整洁，佩戴安全帽						
		操作规范，爱护设备						

续表

序号	评价项目		自评			师评		
			A	B	C	A	B	C
2	程序编制	粗精车指令的运用						
		钻孔指令的运用						
		内孔指令的运用						
		内螺纹指令的运用						
		外螺纹指令的运用						
3	数控车床加工零件测量	工件安装						
		刀具选择						
		对刀						
		输入程序						
		自动加工						
	综合评定							

扩展任务

（1）分析加工后两工件出现配合过松或过紧的原因及措施。
（2）分析本项目零件是否还有其他更合理的加工工艺并说明原因。
（3）加工如图 9-3 所示零件。

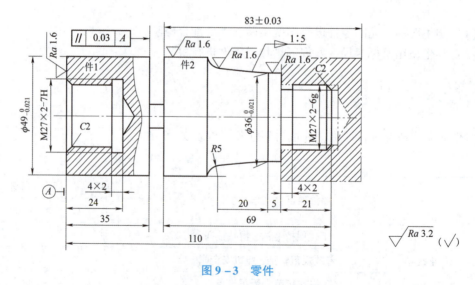

图 9-3 零件

任务 2　含锥面配合的配合件编程与加工

> **教学目标**

（1）掌握含锥面配合类零件的结构特点和加工工艺特点。
（2）掌握含锥面配合类零件的工艺编制方法。
（3）掌握含锥面配合类零件的程序编程方法。
（4）针对加工零件，能分析含锥面配合类零件的结构特点、加工要求，理解加工技术要求。
（5）能正确选择设备、刀具、夹具与切削用量，能编制数控加工工艺卡。
（6）能使用相应的指令正确编制配合零件的数控加工程序。

> **任务描述**

加工一批锥面配合零件，锥套配合零件如图 9-4 所示，零件材料为 45 钢，每一套件所给毛坯尺寸 $\phi 50 \text{ mm} \times 180 \text{ mm}$。

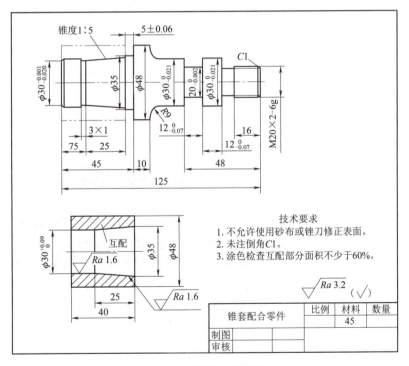

图 9-4　锥套配合零件

知识链接

选择本项目零件表面加工方案时,要注意以下两点。

1. 锥面配合零件的技术要求

需要考虑锥面配合零件加工表面的尺寸精度和粗糙度 Ra 值,零件的结构形状和尺寸大小,热处理情况,材料的性能以及零件的批量等。

(1) 尺寸精度:长度、深度等。
(2) 形状精度:圆度、圆柱及轴线的直线度。
(3) 位置精度:同轴度、平行度、垂直度。
(4) 表面质量:表面粗糙度、表面硬度等。
(5) 锥度配合零件配合面的表面质量、锥度配合面的接触面积要求等。

2. 常用加工方案及特点

对于本项目的锥面配合零件,应先加工内表面配合件,后加工外表面配合件,对于外表面配合件,遵循先简单后复杂及便于工件装夹的原则。外表面的螺纹加工,应放在本零件加工最后一道工序完成。本项目的零件车槽属于车削精度不高的和宽度较窄的沟槽,可用刀宽等于槽宽的车槽刀,采用一次直进法车出。本项目的沟槽采用多次走刀完成。

任务实施

一、确定装夹方案

工件选用三爪卡盘装夹。

二、选择加工方案

图 9-4 内外锥面配合零件先加工轴套配合零件,后加工长轴外配合零件,具体加工方案如下。

(1) 加工轴套工件,工艺路线为:车端面→车外圆→打中心孔(用 φ20 mm 麻花钻钻孔,加工深度 45 mm)车内孔→用车槽刀切断(保证轴套长度 40 mm)。

(2) 加工长轴工件,为便于工件装夹,采用先加工零件右端,后加工零件左端的加工方法。加工长轴右端工艺路线为:车端面→车外圆→车槽→车螺纹。加工长轴左端工艺路线为:掉头车端面保证总长→车外圆→车槽。

三、确定加工方法和刀具

零件加工方案见表 9-7 ~ 表 9-9。

表 9 – 7　锥套零件加工方案

工序	加工内容	加工方法	选用刀具
1	车端面	端面车削	T0101　93°菱形外圆车刀
2	车外圆	外圆车削	T0101　93°菱形外圆车刀
3	打中心孔	钻削	T0505 中心钻
4	钻孔	钻削	T0606 麻花钻（ϕ20 mm）
5	车内孔	内孔加工	T0404 内孔镗刀
6	切断	切断	T0202 切槽刀（刀宽 3 mm）

表 9 – 8　长轴零件右端加工方案

工序	加工内容	加工方法	选用刀具
1	车端面	端面车削	T0101　93°菱形外圆车刀
2	车外圆	外圆车削	T0101　93°菱形外圆车刀
3	车槽	车退刀槽	T0202 切槽刀（刀宽 3 mm）
4	车螺纹	外螺纹车削	T0303　60°外圆螺纹刀

表 9 – 9　长轴零件左端加工方案

工序	加工内容	加工方法	选用刀具
1	车端面	端面车削	T0101　93°菱形外圆车刀
2	车外圆	外圆车削	T0101　93°菱形外圆车刀
3	车槽	车退刀槽	T0202 切槽刀（刀宽 3 mm）

四、确定切削用量

各刀具切削参数见表 9 – 10。

表 9 – 10　各刀具切削参数

刀具号	刀具参数	背吃刀量/mm	主轴转速/（r·min^{-1}）	进给率/（mm·r^{-1}）
T0101	93°菱形外圆车刀	3	700	0.2
T0202	切槽刀（刀宽 3 mm）	—	500	0.06
T0303	60°外圆螺纹刀	—	400	2
T0404	内孔镗刀	2	700	0.1
T0505	中心钻	—	1 000	—
T0606	麻花钻（ϕ20 mm）	—	1 000	—

五、确定工件坐标系和对刀点

图 9 – 4 是加工两个独立的零件，以各自工件右端面中心为工件原点，建立工件坐标

系。采用手动对刀法对刀。

六、编制参考程序

轴套加工程序见表 9-11，长轴右端零件加工程序见表 9-12，长轴左端零件加工程序见表 9-13。

表 9-11 轴套加工程序

程序	程序说明
O1003;	程序号
T0101;	换 1 号刀
M03 S1000;	主轴正转，转速 1 000 r/min
G00 X52.0 Z3.0;	X，Z 轴快速定位
G94 X20.0 Z0 F0.1;	端面切削循环
G00 X48.0;	
G01 Z-45.0 F0.1;	
G00 X100.0;	X，Z 快速退刀，回到刀具的初始位置
Z100.0;	
T0404;	换 4 号内孔镗刀
M03 S700;	主轴正转，转速 700 r/min
G00 X20.0 Z3.0;	X，Z 轴快速定位
G71 U2.0 R1.0;	内孔粗车削循环
G71 P1 Q2 U-0.4 W0.1 F0.2;	
N1 G00 X35.0;	内孔轮廓加工程序
G01 Z0 F0.1;	
X30.0 W-25.0;	
Z-45.0;	
N2 X20.0;	
G70 P1 Q2;	内孔精车削循环
G00 Z100.0;	X，Z 快速退刀，
X100.0;	回到刀具的初始位置
M05;	主轴停转
M30;	程序结束

表 9-12 长轴右端零件加工程序

程序	程序说明
O1001	程序号
T0101;	换 1 号刀
M03 S700;	主轴正转，转速 700 r/min
G00 X52.0 Z3.0;	X，Z 轴快速定位
G94 X0 Z0 F0.2;	端面切削循环
G71 U2.0 R1.0;	外圆粗车削循环
G71 P1 Q2 U0.04 W0.2 F0.2;	

续表

程序	程序说明
N1 G00 X16.0;	外圆轮廓加工程序
G01 Z0 F0.1;	
X20.0 Z-2.0;	
Z-24.0;	
X30.0;	
Z-61.0;	
G02 X48.0 W-9.0 R9.0;	
W-12.0;	
N2 X52.0;	
G70 P1 Q2;	外圆精车削循环
G00 X100.0;	X,Z快速退刀,回到刀具的初始位置
Z100.0;	
T0202;	换2号切槽刀
M03 S400;	主轴正转,转速400 r/min
G00 X34.0 Z-48.0;	X,Z轴快速定位
G01 X20.0 F0.1;	外圆车槽第一刀
X34.0;	
W3.0;	
G01 X20.0 F0.01;	外圆车槽第二刀
X34.0;	
W3.0;	
G01 X20.0 F0.1;	外圆车槽第三刀
X34.0;	
W3.0;	
G01 X20.0 F0.01;	外圆车槽第四刀
Z-48.0;	
G00 X34.0;	
X100.0;	X,Z快速退刀,回到刀具的初始位置
Z100.0;	
T0303;	换3号60°外圆螺纹刀
M03 S400;	主轴正转,转速400 r/min
G00 X24.0 Z3.0 ;	X,Z轴快速定位
G92 X19.0 1 Z-16.0 F2.0;	外螺纹车削第一刀
92 X18.0 5 Z-16.0 F2.0;	外螺纹车削第二刀
G92 X17.0 9 Z-16.0 F2.0;	外螺纹车削第三刀
G92 X17.0 5 Z-16.0 F2.0;	外螺纹车削第四刀
G92 X17.0 4 Z-16.0 F2.0;	外螺纹车削第五刀
G00 X100.0;	X,Z快速退刀,回到刀具的初始位置
Z100.0;	
M05;	主轴停转
M30;	程序结束

表9-13 长轴左端零件加工程序

程序	程序说明
O1002；	程序号
T0101；	换1号刀
M03　S700；	主轴正转，转速700 r/min
G00　X52.0　Z3.0；	X，Z轴快速定位
G94　X0　Z0　F0.2；	端面切削循环
G71　U2.0　R1.0；	外圆粗车削循环
G71　P1　Q2　U0.04　W0.01　F0.02；	
N1 G00　X28.0；	外圆轮廓加工程序
G01　Z0　F0.1；	
X30.0　Z-1.0；	
Z-15.0；	
X35.0　W-25.0；	
Z-45.0；	
N2 X52.0；	
G70 P1 Q2；	外圆精车削循环
G00　X100.0；	X，Z快速退刀，回到刀具的初始位置
Z100.0；	
T0202；	换2号切槽刀
M03　S400；	主轴正转，转速400 r/min
G00　X35.0　Z3.0；	X，Z轴快速定位
Z-15.0；	
G01　X28.0　F0.1；	
X35.0；	退刀槽车削
G00　X100.0；	X，Z快速退刀，回到刀具的初始位置
Z100.0；	
M05；	主轴停转
M30；	程序结束

七、仿真加工

操作过程同项目二任务一中的相关内容。
仿真加工的结果如图9-5所示。

图9-5 锥套配合零件仿真结果

八、机床加工

1. 锥套零件机床加工

1）毛坯、刀具、工具、量具准备

刀具：根据表9-7、表9-8、表9-9选择相应的刀具。

量具：0~125 mm游标卡尺、0~25 mm内径千分尺、深度尺、0~150 mm钢尺、螺纹规、涂色剂若干（每组1套）。

材料：45钢，毛坯尺寸φ50 mm×180 mm。

①将φ50 mm×180 mm的毛坯正确安装在机床的三爪卡盘上。②将T0101和T0404加工锥套配合件的4把刀具正确安装在刀架上。③正确摆放所需工具、量具。

2）程序输入与编辑

①开机。②回参考点。③输入程序。④程序图形校验。

3）零件的数控车削加工

①主轴正转。②X向对刀，Z向对刀，设置工件坐标系。③进行相应刀具参数设置。④在尾座上安装中心钻，钻中心孔。⑤在尾座上安装麻花钻，钻孔。⑥自动加工。

4）按照尺寸要求将工件切断，保证锥套长度40 mm

2. 长轴配合零件右端机床加工

1）毛坯、刀具、工具、量具准备

①调头将工件正确安装在机床的三爪卡盘上。②将T0101，T0202，T0303加工长轴右端配合件的3把刀具正确安装在刀架上。③正确摆放所需工具、量具。

2）程序输入与编辑

①开机。②回参考点。③输入程序。④程序图形校验。

3）零件的数控车削加工

①主轴正转。②X向对刀，Z向对刀，设置工件坐标系。③进行相应刀具参数设置。④自动加工。

3. 长轴配合零件左端机床加工

1）毛坯、刀具、工具、量具准备

①调头将工件正确安装在机床的三爪卡盘上。②将T0101，T0202加工长轴左配合件的2把刀具正确安装在刀架上。③正确摆放所需工具、量具。

2）程序输入与编辑

①开机。②回参考点。③输入程序。④程序图形校验。

3）零件的数控车削加工

①主轴正转。②X向对刀，Z向对刀，设置工件坐标系。③进行相应刀具参数设置。④自动加工。

九、零件检测

学生对加工完的零件进行精度检验和工件配合检验，看锥面配合是否符合要求。学生使用游标卡尺、螺纹规等量具对零件进行检测。

任务评价

对任务完成情况进行评价，并填写到任务评价表9-14中。

表 9-14 任务评价表

序号	评价项目		自评			师评		
			A	B	C	A	B	C
1	职业素养	工位保持清洁，物品整齐						
		着装规范整洁，佩戴安全帽						
		操作规范，爱护设备						
2	程序编制	粗精车指令的运用						
		钻孔指令的运用						
		内孔指令的运用						
		宽槽指令的运用						
		外螺纹指令的运用						
3	数控车床加工零件测量	工件安装						
		刀具选择						
		对刀						
		输入程序						
		自动加工						
		测量						
	综合评定							

扩展任务

（1）分析加工后两工件出现配合接触面达不到要求的原因并提出改进措施。

（2）分析本项目零件是否还有其他更合理的加工工艺并说明原因。

（3）加工图 9-6 所示的零件，材料为 45 钢，技术要求未注倒角 C1。

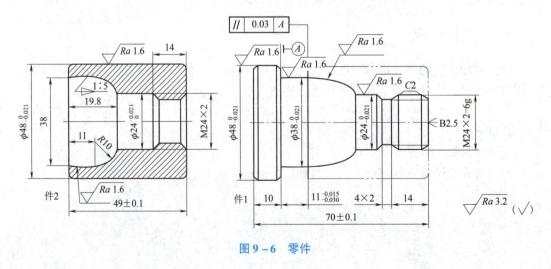

图 9-6 零件

任务 3　含椭圆配合的配合件编程与加工

教学目标

（1）掌握含椭圆配合类零件的结构特点和加工工艺特点。
（2）掌握含椭圆配合类零件的工艺编制方法。
（3）掌握含椭圆配合类零件的程序编程方法。
（4）针对加工零件，能分析含椭圆配合类零件的结构特点、加工要求，理解加工技术要求。
（5）能正确选择设备、刀具、夹具与切削用量，能编制数控加工工艺卡。
（6）能使用相应的指令正确编制配合零件的数控加工程序。

任务描述

加工一批椭圆配合零件，配合精度及尺寸要求如图 9-7 所示，零件材料为 45 钢，每一套件所给毛坯尺寸 $\phi 50 \text{ mm} \times 160 \text{ mm}$。

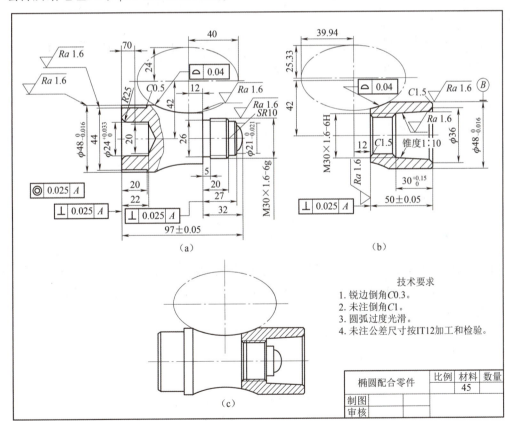

图 9-7　椭圆配合零件
(a) 零件 a；(b) 零件 b；(c) 零件 a 和零件 b 组合

项目九　FANUC-0i 系统配合套件编程与加工

> 知识链接

椭圆配合零件的加工方案要注意以下两点。

一、椭圆配合零件的技术要求

需要考虑椭圆配合零件加工表面的尺寸精度和粗糙度 Ra 值，零件的结构形状和尺寸大小，热处理情况，材料的性能以及零件的批量等。

（1）尺寸精度：长度、深度等。
（2）形状精度：圆度、圆柱度及轴线的直线度。
（3）位置精度：同轴度、平行度、垂直度。
（4）表面质量：表面粗糙度、表面硬度等。
（5）椭圆配合零件配合面的表面质量、椭圆配合面的精度要求等。

二、常用加工方案及特点

对于本项目的椭圆配合零件，应先加工内表面配合件，后加工外表面配合件，对于外表面配合件，遵循先简单后复杂及便于工件装夹的原则。外表面的螺纹加工，应放在本零件加工最后一道工序完成。

本项目的零件车槽属于车削精度不高的和宽度较窄的沟槽，可用刀宽等于槽宽的车槽刀，采用一次直进法车出。本项目的沟槽采用多次走刀完成。

> 任务实施

一、确定装夹方案

工件选用三爪卡盘装夹。

二、选择加工方案

图 9-7 中的零件为椭圆配合零件，先加工带有内螺纹的配合零件 b，后加工带有外螺纹的配合零件 a，零件 b 旋入零件 a，以零件 a 右端面为编程零点，组合加工椭圆面，具体加工方案如下。

（1）加工零件 b 右端、$\phi48$ mm 外圆、锥孔及螺纹底孔至尺寸。
（2）切断，保证长度 50 mm。
（3）调头校正，倒角并加工 M30×1.5 内螺纹。
（4）加工零件 a 左端 $\phi44$ mm、$\phi48$ mm 及内腔至尺寸。
（5）调头，加工右端 SR10 球面；$\phi23$ mm，$\phi29.8$ mm 至尺寸。
（6）切槽 $\phi26$ mm×5 mm，加工外螺纹 M30×1.6。
（7）将零件 b 旋入零件 a，以零件 a 右端面为编程零点，组合加工椭圆表面。

三、确定加工方法和刀具

椭圆配合零件加工方案见表 9-15 ~ 表 9-19。

表 9-15 椭圆配合零件 b 右端加工方案

工序	加工内容	加工方法	选用刀具
1	车端面	端面车削	T0101　93°菱形外圆车刀
2	车外圆	外圆车削	T0101　93°菱形外圆车刀
3	打中心孔	钻削	T0707 中心钻
4	钻孔	钻削	T0808 麻花钻（φ20 mm）
5	车内孔	内孔加工	T0404 内孔镗刀
6	车槽	车退刀槽	T0202 切槽刀（刀宽 4 mm）

表 9-16 椭圆配合零件 b 左端加工方案

工序	加工内容	加工方法	选用刀具
1	车内孔	内孔加工	T0404　内孔镗刀
2	车内螺纹	内螺纹加工	T0606　60°内螺纹车刀

表 9-17 椭圆配合零件 a 左端加工方案

工序	加工内容	加工方法	选用刀具
1	车端面	端面车削	T0101　93°菱形外圆车刀
2	车外圆	外圆车削	T0101　93°菱形外圆车刀
3	车内孔	内孔加工	T0404 内孔镗刀
4	打中心孔	钻削	T0707 中心钻
5	钻孔	钻削	T0808 麻花钻（φ20 mm）

表 9-18 椭圆配合零件 a 右端加工方案

工序	加工内容	加工方法	选用刀具
1	车端面	端面车削	T0101　93°菱形外圆车刀
2	车外圆	外圆车削	T0101　93°菱形外圆车刀
3	车槽	车退刀槽	T0202 切槽刀（刀宽 4 mm）
4	车外螺纹	外螺纹加工	T0303 外螺纹车刀

表 9-19 椭圆配合零件椭圆配合部分加工方案

加工内容	加工方法	选用刀具
车端面	端面车削	T0101　93°菱形外圆车刀
车外圆	外圆车削	T0101　93°菱形外圆车刀

四、确定切削用量

各刀具切削参数见表 9-20。

表 9-20 刀具切削参数

刀具号	刀具参数	背吃刀量/mm	主轴转速/(r·min^{-1})	刀具补偿	进给率/(mm·r^{-1})
T0101	93°菱形外圆车刀	3	700	D01	0.2
T0202	切槽刀（刀宽 4 mm）	—	500	D02	0.06
T0303	外螺纹车刀	—	400	D03	2
T0404	内孔镗刀	2	700	D04	0.1
T0505	内切槽刀（刀宽 3 mm）	—	400	D05	0.05
T0606	60°内螺纹车刀	—	400	D06	2
T0707	中心钻	—	1 000	H07	—
T0808	麻花钻（φ20 mm）	—	1 000	H08	—

五、确定工件坐标系和对刀点

由于本项目为椭圆配合件 a，b 两个独立零件的加工，依据简化编程、便于加工的原则，确定工件右端面中心为各自独立的工件坐标系原点，建立工件坐标系。对于椭圆配合零件椭圆配合部分的加工应建立统一的坐标系，合成一个零件进行加工。零件 b 旋入零件 a，以零件 a 右端面中心为编程零点，建立工件坐标系。采用手动对刀法对刀。

六、编制参考程序

椭圆配合零件加工程序见表 9-21 ~ 表 9-25。

表 9-21 椭圆配合零件 b 右端加工程序

程序	程序说明
O0931；	程序号
T0101；	换 1 号刀 93°菱形外圆车刀
M03　S800；	转速 800 r/min
G00　X55.0　Z0；	
G01　X30.0　F0.2；	车端面
G00　X52.0　Z2.0；	快进到外径粗车循环起刀点
G71　U1.5　R1.0；	外径粗车循环
G71　P60　Q80 U0.5 W0.1　F0.1；	
N60　　G01　X45.0；	
Z0；	进到倒角起点
X48.0　Z-1.5；	倒角
Z-55.0；	
N80 X50.0；	N60~N80 外径轮廓循环程序
G70　P60　Q80.0；	精加工循环
M05；	主轴停转

续表

程序	程序说明
M00;	程序暂停
M03　S800　T0404;	转速800 r/min，换4号内孔镗刀
G00　X20.0　Z5.0;	快进到内径粗车循环起刀点
G71　U1.0　R0.5;	内径粗车循环
G71　P145　Q175　U-0.5　W0.1　F0.2;	
G00　Z100.0;	
G00　Z100.0;	
G40　X100.0;	退刀，撤销半径补偿
M05;	主轴停转
M00;	程序暂停
M03　S800　T0404;	精车转速800 r/min
G00　X20.0　Z5.0;	进刀
G41　G01　X37.4142　F0.2;	引入半径补偿，进给率0.2 mm/r
Z0;	进到内径循环起点
X36.0　Z-0.7071;	内径循环轮廓程序
X33.0　Z-30.;	
X31.3;	
X28.3　Z-31.5;	
Z-55.0;	
X19.5;	
G00　Z100.0;	
G40　X100.0;	退刀，撤销半径补偿
M05;	主轴停转
M00;	程序暂停
M03　S600　T0202;	转速600 r/min，换2号切槽刀
G00　X50.0;	
Z-54.0;	进刀
G01　X27.　F0.1;	切断
G00　X100.0;	X向退刀
Z100.0;	Z向退刀
M05;	主轴停转
M30;	程序停止

表9-22　椭圆配合零件b左端加工程序

程序	程序说明
O0932;	程序号
T0101;	
S800　M03　T0404　F0.2;	转速800 r/min，进给0.2 mm/r，换4号内孔镗刀
G00　X32.0　Z1.0;	快进到倒角起点
G01　X28.0　Z-1.0;	倒角
G00　Z100.0;	
X100.0;	退刀
M05;	主轴停转
M00;	程序暂停

续表

程序	程序说明
M03　S800　T0606；	转速800 r/min，换6号60°内螺纹车刀
G00　X27.0　Z5.0；	进到内螺纹复合循环起刀点
G92　X28.85　Z-21　F1.5；	内螺纹加工第一刀
X29.45；	内螺纹加工第二刀
X29.85；	内螺纹加工第三刀
X30.0；	内螺纹加工第四刀
G00　Z100.0；	
X100.0；	退刀
M05；	主轴停转
M30；	程序停止

表9-23　椭圆配合零件a左端加工程序

程序	程序说明
O0933；	程序号
M03　S800　T0101；	换1号93°菱形外圆车刀
G00　X55.0　Z0；	
G00　X55.0　Z0；	进刀
G01　X18.0　F0.2；	车端面
G00　X52.0　Z2.0；	进到外径粗车循环起刀点
G71 U1.5　R1.0；	
G71 P60 Q90 U0.5 W0.1 F0.2；	
N60 G01　X42.0　F0.1；	
Z0；	
X44.0　Z-1.0；	倒角
Z-20.0；	
X48.0；	
Z-35.0；	
N90　　X50.0；	N60~N90外径轮廓循环程序
G70 P60 Q90；	外径轮廓精加工循环
G00　X100.0　Z100.0；	退刀
M05；	主轴停转
M00；	程序暂停
M03　S800　T0404；	主轴转速800 r/min，换4号内孔镗刀
G00　G41　X19.5　Z5.0　D04；	进到内径粗车循环起刀点
G71 U1.0 R0.5；	
G71 P155 Q170 U-0.5 W0.1 F0.2；	
N155 G01　X28.172；	
Z0；	进到内径循环起点
G02　X24.　Z-10.　R25.；	
N170　　Z-22.0；	N155~N170内径循环轮廓程序
X19.5；	退刀
G70 P155 Q170；	内径精加工循环
G00　Z100.0；	
G40　X100.0；	退刀，撤销半径补偿
M05；	主轴停转
M30；	程序停止

表 9-24　随圆配合零件 a 右端加工程序

程序	程序说明
O0935；	程序号
M03　S800　T0101；	主轴转速 800 r/min，换 1 号 93°菱形外圆车刀
G00　X55.0　Z0；	快速进刀
G01　X0　F0.1；	车端面
G00　G42　X52.0　Z2.0　D01；	进到外径粗车循环起刀点
G71　U1.5　R1；	
G71　P65　Q130　U0.5　R0.1　F0.2；	
N65　　　G01　　x0；	
z0；	
G03　X17.32　Z-5.0　R10.0；	
G01　X21.0；	
X23.0　Z-6.0；	
Z-12.0；	
X28.0；	
X29.08　Z-13.0；	
Z-32.0；	
X39.0；	
Z-44.0；	
X48.05；	
Z-72.0；	
N130　　　X50.0；	N65~N130 外径循环轮廓程序
G70　P65　Q130；	外径精加工循环
G40　G00　X100.0　Z100.0；	退刀，撤销半径补偿
M05；	主轴停转
M00；	程序暂停
M03　S600　T0202　F0.01；	主轴转速 600 r/min，进给率 0.1 mm/r 换 2 号切槽刀
G00　X33.0　Z-31.0；	快速进刀
G01　X26.02　F0.01；	切槽
X30.0；	退刀
Z-32.0；	进刀
X26.0；	切槽
Z-31.0；	精加工槽底
G00　X100.0；	退刀
Z100.0；	
M05；	
M00；	
M03　S1000　T0303；	转速 1 000 r/min，换 3 号外螺纹车刀
G00　X32.0　Z-5.0；	快进至外螺纹复合循环起刀点
G92　X29.2　Z-30　F1.5；	内螺纹加工第一刀
X28.6；	内螺纹加工第二刀
X28.2；	内螺纹加工第三刀
X28.05；	内螺纹加工第四刀
G00　X100.0　Z100.0；	退刀
M05；	主轴停转
M30；	程序停止

表 9-25 零件 a 和零件 b 组合加工程序

程序	程序说明
O0933；	程序号
M03　S800　T0101；	主轴转速 800 r/min，换 1 号 93°菱形外圆车刀
G00 G42　X55.0　Z-15.0　D01；	快进到椭圆凹槽外径粗车循环起刀点
G73 U18 W0　R10.0；	
G73 P60 Q110 U0.8 W0.3 F0.1；	P60：精加工第一个程序段的程序段号，Q110：精加工最后一个程序段的程序段号
N60 X50.0；	
#1 = 40；	椭圆长轴
#2 = 24；	椭圆短轴
#3 = 26.4575；	Z 轴变量起始尺寸
#4 = 24 * SQRT [#1 * #1 - #3 * #3] /40；	椭圆插补 X 变量
G01　X [2 * 42 - 2 * #4]　Z [# - 44]；	
#1 = #1 - 0.4；	Z 轴每次步距
IF　[#3　GE] -26.4575 GOTO N85；	判断 Z 轴尺寸是否达到终点
G01　X48.　Z - 70.4575；	
N110　　　X50.0；	
G70 P60 Q110；	N60~N110 凹槽外径循环轮廓程序
G00　G40　X100.0　Z100.0；	撤销半径补偿，退刀
M05；	主轴停转
M30；	程序停止

七、仿真加工

操作过程同项目二任务 2 中表 2-10 的相关内容。

仿真加工的结果如图 9-8 所示。

图 9-8　仿真加工结果

八、机床加工

1. 椭圆配合件机床加工

1）毛坯、刀具、工具、量具准备

刀具：根据前面刀具参数表选择相应的刀具。

量具：0～125 mm 游标卡尺、0～25 mm 内径千分尺、深度尺、0～150 mm 钢尺、螺纹规、椭圆样板（每组 1 套）。

材料：45 钢 φ50 mm×160 mm

①将 φ50 mm×160 mm 的毛坯正确安装在机床的三爪卡盘上。②将 T0101，T0202，T0404，T0606 加工椭圆配合零件 b 的 4 把刀具正确安装在刀架上。③正确摆放所需工具、量具。

2）程序输入与编辑

①开机。②回参考点。③输入程序。④程序图形校验。

3）零件的数控车削加工

①主轴正转。②X 向对刀，Z 向对刀，设置工件坐标系。③进行相应刀具参数设置。④在尾座上安装中心钻，钻中心孔。⑤在尾座上安装麻花钻，钻孔。⑥自动加工。

4）切断

按照尺寸要求将工件切断，保证椭圆配合零件 b 长度 50 mm。

5）调头

调头装夹椭圆配合零件 b，重复以上步骤加工完成。

2. 椭圆配合零件 a 左端机床加工

1）毛坯、刀具、工具、量具准备

①调头将工件正确安装在机床的三爪卡盘上。②将 T0101，T0404 加工椭圆配合零件 a 左端的 2 把刀具正确安装在刀架上。③正确摆放所需工具、量具。

2）程序输入与编辑

①开机。②回参考点。③输入程序。④程序图形校验。

3）零件的数控车削加工

①主轴正转。②X 向对刀，Z 向对刀，设置工件坐标系。③进行相应刀具参数设置。④自动加工。

3. 椭圆配合件 a 右端机床加工

1）毛坯、刀具、工具、量具准备

①调头将工件正确安装在机床的三爪卡盘上。②将 T0101，T0202，T0303 加工椭圆配合零件 a 右端的 3 把刀具正确安装在刀架上。③正确摆放所需工具、量具。

2）程序输入与编辑

①开机。②回参考点。③输入程序。④程序图形校验。

3）零件的数控车削加工

①主轴正转。②X 向对刀，Z 向对刀，设置工件坐标系。③进行相应刀具参数设置。④自动加工。

4. 椭圆配合零件椭圆配合部分加工

1）毛坯、刀具、工具、量具准备

①将椭圆配合零件 a 与 b 两工件组合在一起，正确安装在机床的三爪卡盘上。②选择 T0101 刀具。③正确摆放所需工具、量具。

2）程序输入与编辑

①开机。②回参考点。③输入程序。④程序图形校验。

3）零件的数控车削加工

①主轴正转。②X 向对刀，Z 向对刀，设置工件坐标系。③进行相应刀具参数设置。④自动加工。

六、零件检测

对加工完的零件进行精度检验和进行工件配合检验，用椭圆样板检验加工椭圆是否符合要求。学生使用游标卡尺、螺纹规等量具对零件进行检测。

任务评价

对任务完成情况进行评价，并填写到任务评价表 9-26 中。

表 9-26　任务评价表

序号	评价项目		自评			师评		
			A	B	C	A	B	C
1	职业素养	工位保持清洁，物品整齐						
		着装规范整洁，佩戴安全帽						
		操作规范，爱护设备						
2	程序编制	粗精车指令的运用						
		钻孔指令的运用						
		内孔指令的运用						
		宏程序的运用						
		外螺纹指令的运用						
3	数控车床加工零件测量	工件安装						
		刀具选择						
		对刀						
		输入程序						
		自动加工						
		测量						
		综合评定						

扩展任务

（1）分析加工后两工件出现椭圆配合面达不到精度要求的原因并提出措施。

（2）分析本项目零件是否还有其他更合理的加工工艺并说明原因。

(3) 思考怎样才能使配合在一起的两工件的配合螺纹不受损伤。
(4) 加工如图9-9所示的工件。

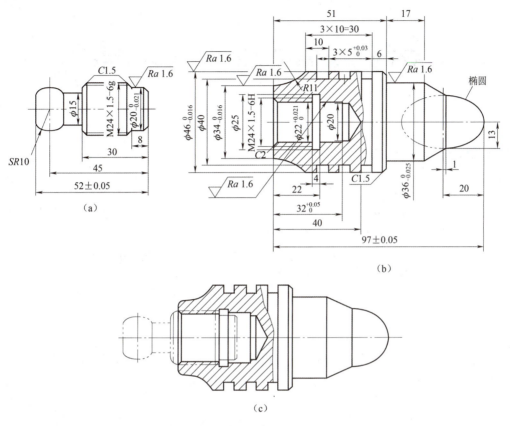

技术要求
1. 锐边倒钝C0.3。
2. 未注倒角C1。
3. 圆弧过度光滑。
4. 未注尺寸公差按GB/T 1804—2000加工和检验。

图9-9 零件图
(a) 件1；(b) 件2；(c) 件1与件2组合

项目十　中高级数控车工技能培训题样

教学目标

（1）能根据零件图和技术资料，进行工艺分析。
（2）熟练运用 FANUC 0i 数控系统 F，S，T，G，M 代码的编程格式编制数控加工程序，并通过仿真软件进行程序走刀路线的检验。
（3）能制订加工计划，按照操作规程，在数控车床上进行零件加工。
（4）能合理选择量具，对零件进行测量，并填写零件的检验记录。

项目目的

（1）能够根据零件图和技术资料，提取数控加工所需的信息资料。
（2）能够设计数控车削加工工艺方案，编制数控加工程序卡。
（3）能够计算数控车削加工所需的工艺数据和几何数据。
（4）能够编写数控车削加工程序，通过模拟仿真软件检查和优化加工程序。
（5）能够制订工作计划和刀具、量具、夹具选用计划。
（6）能够按照操作规程，熟练操作数控车床对工件进行加工，并监控加工过程。
（7）能够对工件进行检测，评价加工效果，分析产品质量，提出解决方案。

任务1　中级职业技能考核综合训练一

任务描述

在数控加工中常遇到包括圆柱面、锥面、圆弧面、螺纹、退刀槽、密封槽和孔等几种特征的综合轴类零件，数控车床操作工应能根据零件图和技术资料，进行工艺分析，根据不同的尺寸要求和加工精度要求，采用相应的加工方法加工出正确的零件。

加工图 10 – 1 所示的密封轴零件，毛坯规格为 φ58 mm × 100 mm。要求制订数控加工工艺方案，编制数控加工程序，并进行仿真加工，最终在数控车床上加工出合格的零件。图中未标注公差尺寸允许误差 ±0.07 mm。

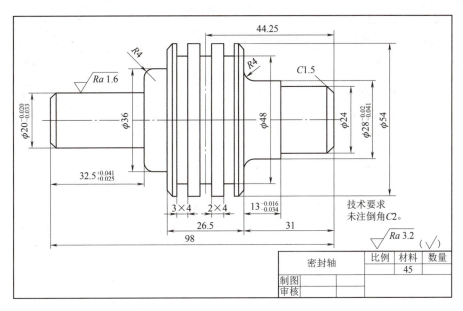

图 10-1 密封轴

任务实施

如图 10-1 所示,含有三处密封槽的台阶轴零件,两端均为简单台阶,根据加工要求确定加工方案、选择刀具并确定合适的切削用量。

一、加工方案

(1) 根据零件结构特点,选用三爪卡盘直接装夹工件。

(2) 根据零件尺寸和加工精度,选择合理的加工方法,确定加工工艺路线,并选择相应的刀具,见表 10-1。

表 10-1 加工方案

工序	加工内容	加工方法	选用刀具
1	粗、精加工右端(忽略槽)	先粗车再精车	93°外圆车刀
			35°外圆车刀
2	车三个密封槽	切槽	3 mm 宽切槽刀
3	调头,粗、精加工左端	先粗车再精车	93°外圆车刀
			35°外圆车刀

二、确定切削用量

各刀具切削参数见表 10-2。

表10-2 切削参数

刀具号	刀具参数	背吃刀量/mm	主轴转速/(r·min^{-1})	进给率/(mm·r^{-1})
T0101	93°外圆车刀	3	600	0.2
T0202	35°外圆车刀	0.5	1000	0.1
T0303	3 mm宽切槽刀	—	400	0.05

三、确定工件坐标系

分别以工件右、左端面中心为原点,建立工件坐标系,采用刀具偏置法进行对刀。

四、编制数控加工程序

根据制定的加工工艺路线和确定的切削参数,为图10-1所示的零件编制数控加工程序见表10-3和表10-4。

表10-3 加工密封轴右端参考程序

程序	程序说明
O1001;	程序号
G28;	回参考点
T0101;	调用1号刀以及1号刀设置的工件坐标系
M04 S600;	主轴旋转
G00 X58. Z2.0;	快速定位至循环起点
G71 U3.0 R1.0;	粗加工右端
G71 P1 Q2 U1.0 W0.5 F0.2;	
N1 G42 G00 X17.0;	精加工路线开始段,建立刀补
G01 X24.0 W-2.0 F0.1;	
Z-18.026;	
X27.97;	
W-8.974;	
G02 X31.97 W-4.0 R4.0;	
G01 X50.0;	
X54.0 W-2.0;	
W-26.0;	
N2 G40 X60.0;	精加工路线结束段,取消刀补
G28;	
T0202;	换2号刀准备进行精车
G00 X58. Z2.0;	
G70 P1 Q2;	精加工
G28;	
T0303;	换3号刀准备进行车密封槽
M04 S400;	

续表

程序	程序说明
G00 X56.0 Z-37.75; G01 X46.0 F0.05; X55.0; W0.5; G01 X54.0; X46.0 W-0.5; X55.0; W-0.5; G01 X54.0; X46.0 W0.5; X55.0; G00 W-8.0; G01 X46.0; X55.0; W0.5; X54.0; X46.0 W-0.5; X55.0; W-0.5; X54.0; X46.0 W0.5; X55.0; W-8.0; X46.0; X55.0; W0.5; X54.0; X46.0 W-0.5; X55.0; W-0.5; X54.0; X46.0 W0.5; X56.; G28; M30;	

表 10－4　加工密封轴左端参考程序

程序	程序说明
O1002；	程序号
G28；	回参考点
T0101；	调用 1 号刀以及 1 号刀设置的工件坐标系
M04 S600；	主轴旋转
G00 X60.0 Z0.0 M08；	快速定位至平端面的起点
G01 X－1.0 F0.1；	平端面
G00 X60.0 Z2.0；	快速定位至循环起点
G71 U4.0 R1.0；	粗加工左端
G71 P1 Q2 U0.5 W0.2 F0.2；	
N1 G00 G42 X11.97 S1000；	精加工路线开始段，建立刀补
G01 X19.97 W－4.0 F0.1；	
Z－32.53；	
X28.0；	
G03 X36.0 W－4.0 R4.0；	
G01 Z－40.5；	
X50.0	
X56.0 W－3.0；	
N2 G40 X60.0；	精加工路线结束段，取消刀补
G28；	
T0202；	换 2 号刀准备进行精车
G00 X58.Z2.0；	
G70 P1 Q2；	精加工左端
G28；	
M05；	
M30；	

五、仿真操作

操作过程同项目二任务 2 中表 2－10 的相关内容。
仿真加工的结果如图 10－2 所示。

六、机床加工

1. 毛坯、刀具、工具、量具准备

刀具：93°外圆车刀、35°外圆车刀、3 mm 车槽刀。
量具：0～125 mm 游标卡尺、0～150 mm 钢尺。（每组 1 套）。
毛坯：45 钢，毛坯尺寸为 φ58 mm×100 mm。
①将 φ50 mm×100 mm 的毛坯正确安装在机床的三爪卡盘上。②将 93°外圆车刀、35°外圆车刀、3 mm 宽切槽刀正确安装在刀架上。③正确摆放所需工具、量具。

图 10－2　仿真加工结果

2. 程序输入与编辑

①开机。②回参考点。③输入程序。④程序图形校验，必要时修改编辑程序。

3. 零件的数控车削加工

①设置工件坐标系。②后置刀架车床主轴反转（前置刀架车床主轴正转）。③X 向对刀，进行相应刀具参数设置。④Z 向对刀，进行相应刀具参数设置。⑤自动加工。

七、零件检测

使用游标卡尺等量具对加工完的零件进行检测。

扩展任务

(1) 加工等间隔、等宽度的多槽零件应使用哪个循环指令？
(2) 使用槽加工循环指令加工宽度大于刀宽的槽时应注意什么问题？
(3) 加工有槽的轴部分，精加工路线应该怎么布置？
(4) 加工图 10-3 所示的支承轴工件。

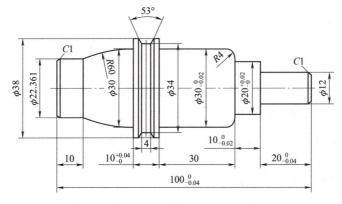

图 10-3 支承轴工件

任务 2 中级职业技能考核综合训练二

任务描述

加工图 10-4 所示连接半轴零件，毛坯规格为 $\phi 60$ mm × 102 mm。要求制订数控加工工艺方案，编制数控加工程序，并进行仿真加工，在数控车床上加工出合格的零件。图中未标注公差尺寸的允许误差为 ±0.07 mm。

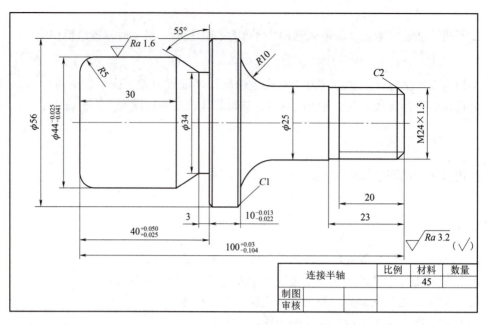

图 10-4 连接半轴

任务实施

如图 10-4 所示，该零件有一处螺纹、一处斜槽、两处圆弧面，根据加工要求确定加工方案、选择刀具，并确定合适的切削用量。

一、加工方案

（1）根据零件结构特点，选用三爪卡盘直接装夹工件。

（2）根据零件尺寸和加工精度，选择合理的加工方法，确定加工工艺路线，并选择相应的刀具，见表 10-5。

表 10-5 加工方案

工序	加工内容	加工方法	选用刀具
1	粗、精加工左端（忽略槽）	粗车	93°外圆车刀
		精车	35°外圆车刀
2	车削斜槽	切槽	3 mm 宽切槽刀
3	调头，粗、精加工右端（忽略螺纹）	粗车	93°外圆车刀
		精车	35°外圆车刀
4	车削 M24×1.5 螺纹	车螺纹	60°螺纹车刀

二、确定切削用量

刀具切削参数见表 10-6。

表 10-6 刀具切削参数

刀具号	刀具参数	背吃刀量/mm	主轴转速/（r·min^{-1}）	进给率/（mm·r^{-1}）
T0101	93°外圆车刀	4	600	0.2
T0202	35°外圆车刀	0.5	1 000	0.1
T0303	3 mm 宽切槽刀	3	400	0.05
T0404	60°螺纹车刀	—	720	1.5

三、确定工件坐标系

分别以工件左、右端面中心为原点，建立工件坐标系，采用刀具偏置法进行对刀。

四、编制数控加工程序

根据制定的加工工艺路线和确定的切削参数，为图 10-4 所示的零件编制数控加工程序，见表 10-7 和表 10-8。

表 10-7 加工连接半轴左端参考程序

程序	程序说明
O1003；	程序号
G28；	回参考点
T0101；	调用 1 号刀以及 1 号刀设置的工件坐标系
M04 S600；	主轴旋转
G00 X60.Z2.0；	快速定位至循环起点
G71 U4.0 R1.0；	粗加工左端
G71 P1 Q2 U1.0 W0.5 F0.2；	
N1 G00 G42 X58.0 S1000；	精加工路线开始段，建立刀补
Z0；	
G01 X33.967 F0.1；	
G03 X43.967 Z-5.0 R5.0；	
G01 Z-40.035；	
X54.0；	
X56.0 W-1.0；	
Z-55.0；	
N2 G00 G40 X60.0；	精加工路线结束段，取消刀补
G28；	
T0202；	换 2 号刀准备进行精车
G00 X60.0 Z2.0；	快速定位至循环起点

续表

程序	程序说明
G70 P1 Q2；	精加工
G28；	
T0303；	换3号刀准备进行车削沟槽
G00 X58.0 S400；	
Z-40.035；	
G01 X34.0 F0.05；	车削沟槽
G04 X3.0；	槽底暂停3 s
G00 X46.0；	
G01 X43.967 Z-32.918 F0.05；	
G01 X34.0 Z-40.035；	
X46.0；	
G28；	
M05；	
M30；	

表10-8 加工连接半轴右端参考程序

程序	程序说明
O1004；	程序号
G28；	回参考点
T0101；	调用1号刀以及1号刀设置的工件坐标系
M04 S600；	主轴旋转
G00 X60.0 Z2.0；	快速定位至平端面的起点
G71 U4.0 R1.0；	平端面
G71 P1 Q2 U1.0 W0.5 F0.2；	快速定位至循环起点
N1 G42 G00 X15.8 S1000；	粗加工左端
G01 X23.8 Z-2.0 F0.1；	
Z-20.0；	精加工路线开始段，建立刀补
X24.0；	
Z-23.0；	
X25.0；	
Z-39.942；	
G02 X45.0 W-10.0 R10.0；	
G01 X54.0；	
X56.0 W-1.0；	
W-10.0；	精加工路线结束段，取消刀补
N2 G40 G00 X60.0；	
G28；	
T0404；	换2号刀准备进行精车
G70 P1 Q2；	精加工左端
G28；	

续表

程序	程序说明
T0404；	调用4号螺纹车
M04 S720；	
G00 X26.0 Z2.0；	
G76 P010060 Q100 R50；	车削 M24×1.5 螺纹
G76 X22.052 Z-20.0 P975 Q500 F1.5；	
M05；	
M30；	

五、仿真加工

操作过程同项目二任务2中表2-10的相关内容。

仿真加工结果如图10-5所示。

六、机床加工

1. 毛坯、刀具、工具、量具准备

刀具：93°外圆车刀、35°外圆车刀、3 mm 宽切槽刀、60°螺纹车刀。

量具：0~125 mm 游标卡尺、螺纹样板（每组1套）。

毛坯：45 钢，毛坯尺寸为 $\phi60$ mm×102 mm。

图 10-5 仿真加工结果

①将 $\phi60$ mm×102 mm 的毛坯正确安装在机床的三爪卡盘上。②将93°外圆偏刀、35°外圆车刀、3 mm 宽槽刀和60°螺纹车刀正确安装在刀架上。③正确摆放所需工具、量具。

2. 程序输入与编辑

①开机。②回参考点。③输入程序。④程序图形校验，必要时修改编辑程序。

3. 零件的数控车削加工

①设置工件坐标系。②后置刀架车床主轴反转（前置刀架车床主轴正转）。③X 向对刀，进行相应刀具参数设置。④Z 向对刀，进行相应刀具参数设置。⑤自动加工。

七、零件检测

使用游标卡尺等量具对加工完的零件进行检测。

> **扩展任务**

(1) 数控加工螺纹时，为什么可以不用退刀槽？

(2) 简述螺纹的牙深与螺距的关系。

(3) 加工多线螺纹时应该注意什么？

(4) 加工图10-6所示的零件。

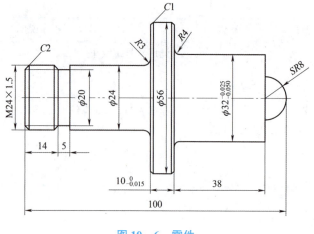

图 10-6 零件

任务3 中级职业技能考核综合训练三

任务描述

加工图 10-7 所示曲面轴零件，毛坯规格为 $\phi 50 \text{ mm} \times 122 \text{ mm}$。要求制订数控加工工艺方案，编制数控加工程序，并进行仿真加工，在数控车床上加工出合格的零件。图中未标注公差尺寸的允许误差为 ±0.07 mm。

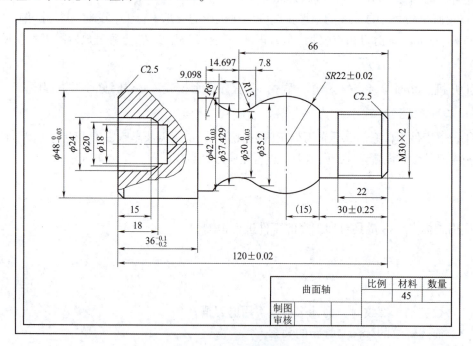

图 10-7 曲面轴零件

任务实施

如图 10-7 所示，该曲面轴零件有一处螺纹、一处内孔、三处圆弧面，根据加工要求确定加工方案、选择刀具，并确定合适的切削用量。

一、加工方案

（1）根据零件结构特点，选用三爪卡盘直接装夹工件。

（2）根据零件尺寸和加工精度要求，先加工左端再加工右端，依据换刀次数最少原则，选择合理的加工方案，见表 10-9。

表 10-9 加工方案

加工步骤	加工内容	加工方法	选用刀具
1	粗、精加工左端外圆	径向复合切削	35°外圆车刀
2	钻内孔至 φ16 mm 深 20 mm	钻削	φ16 mm 钻头
3	粗、精加工内孔至图纸尺寸	径向复合切削	95°内孔镗刀
4	调头，粗精加工右端（忽略螺纹）	按轮廓复合切削	35°外圆车刀
5	车削 M30×2 螺纹	车螺纹	60°螺纹车刀

二、确定切削用量

刀具切削参数值见表 10-10。

表 10-10 刀具切削参数

刀具号	刀具参数	背吃刀量/mm	主轴转速/（r·min^{-1}）	进给率/（mm·r^{-1}）
T0101	35°外圆车刀	2	800	0.2
		0.25	1 000	0.1
T0202	φ16 mm 钻头	—	400	0.05
T0303	95°内孔镗刀	2	800	0.2
		0.25	1 000	0.1
T0404	60°螺纹车刀	—	520	2

三、确定工件坐标系

分别以工件左、右端面中心为原点，建立工件坐标系，采用刀具偏置法进行对刀。

四、编制数控加工程序

根据制定的加工工艺路线和确定的切削参数，为图 10-7 所示零件编制数控加工程序,见表 10 – 11 和表 10 – 12。

表 10 – 11 加工曲面轴左端参考程序

程序	程序说明
O1005;	程序号
G28;	回参考点
T0101;	调用 1 号刀以及 1 号刀设置的工件坐标系
S800 M04;	主轴旋转
G00 X50.0 Z2.0;	快速定位至循环起点
G71 U2.0 R1.0;	粗加工左端外圆
G71 P1 Q2 U0.5 W0.2 F0.2;	
N1 G00 G42 X40.85 S1000;	精加工路线开始段,建立刀补
G01 X47.85 Z – 2.5 F0.1 S1000;	
Z – 40.0;	
N2 G00 G40 X50.0;	精加工路线结束段,取消刀补
G70 P1 Q2;	
G28;	
T0202;	换 2 号刀准备进行钻孔
S400 M03;	主轴正转
G00 X0 Z6.0;	
G01 Z – 22.0 F0.08;	钻孔
G00 Z6.0;	
G28;	
T0303;	换 3 号刀准备进行车削内孔
S800 M04;	
G00 X16.0 Z2.0;	
G71 U2.0 R1.0;	粗加工内孔
G71 P3 Q4 U – 0.5 W0.2 F0.2;	
N3 G00 G41 X24.0;	
G01 Z – 15.0;	
X20.0 Z – 18.0;	
X18.0;	
Z – 22.15;	
X15.0;	
N4 G00 G40 X14.0;	
G70 P3 Q4;	精加工内孔
G28;	
M30;	

表 10 – 12　加工曲面轴右端参考程序

程序	程序说明
O1006；	程序号
G28；	回参考点
T0101；	调用 1 号刀以及 1 号刀设置的工件坐标系
S800 M04；	主轴旋转
G00 X52. Z0；	快速定位至平端面的起点
G01 X – 2.0 F0.08；	平端面
G00 X50.0 Z2.0；	快速定位至循环起点
G73 U12.0 W0 R6；	按轮廓粗加工右端
G73 P1 Q2 U0.5 W0.2 F0.2；	
N1 G00 G42 X15.8 Z2.0；	精加工路线开始段，建立刀补
G01 X29.8 Z – 2.5 S1000 F0.1；	
Z – 22.0；	
X30.0；	
Z – 30.0；	
X32.19；	
G03 X35.2 Z – 58.2 R22.0；	
G02 X37.429 Z – 75.098 R13.0；	
G03 X41.82 Z – 80.697 R8.0；	
G01 Z – 84.15；	
X50.0；	
N2 G00 G40 X52.0；	精加工路线结束段，取消刀补
G70 P1 Q2；	
G28；	
T0404；	调用 4 号刀
S400 M04；	
G00 X32.0 Z2.0；	
G76 P011060 Q100 R50；	车削 M30×2 螺纹
G76 X27.4 Z – 22.0 P1299 Q500 F2；	
G28；	
M05；	
M30；	

五、仿真加工

操作过程同项目二任务 2 中表 2 – 10 的相关内容。仿真加工结果如图 10 – 8 所示。

图 10 – 8　仿真加工结果

六、机床加工

1. 毛坯、刀具、工具、量具准备

刀具：35°外圆车刀、φ16 钻头、95°内孔镗刀、60°螺纹车刀。

量具：0～200 mm 游标卡尺、螺纹样板（每组 1 套）。

毛坯：45 钢，毛坯尺寸为 φ50 mm×122 mm。

①将 φ50 mm×122 mm 的毛坯正确安装在机床的三爪卡盘上。②将 35°外圆车刀、95°内孔镗刀、φ16 mm 钻头和 60°螺纹车刀正确安装在刀架上。③正确摆放所需工具、量具。

2. 程序输入与编辑

①开机。②回参考点。③输入程序。④程序图形校验，必要时修改编辑程序。

3. 零件的数控车削加工

①设置工件坐标系。②后置刀架车床主轴反转（前置刀架车床主轴正转）。③X 向对刀，进行相应刀具参数设置。④Z 向对刀，进行相应刀具参数设置。⑤自动加工。

七、零件检测

使用游标卡尺等量具对加工完的零件进行检测。

扩展任务

（1）G71、G72 和 G73 各适合什么样的加工场合？
（2）加工内孔应该注意什么？
（3）G73 能用来粗加工内孔吗？
（4）加工图 10-9 所示连接轴。

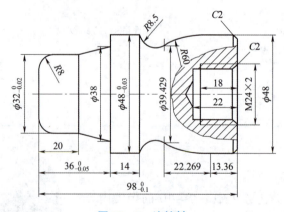

图 10-9 连接轴

任务 4　高级职业技能考核综合训练一

任务描述

加工图 10-10 所示零件，要求制订合理的数控加工工艺方案，编制数控加工程序并进行加工。图中未标注公差尺寸的允许误差为 ±0.07 mm。

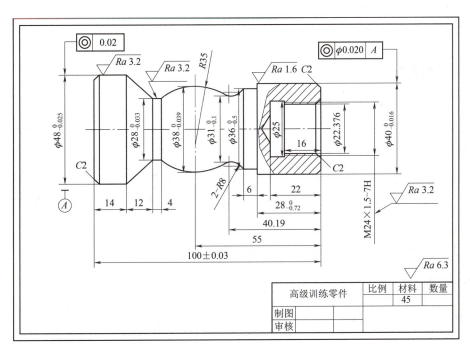

图 10-10　高级训练零件

任务实施

如图 10-10 所示，零件外轮廓由圆柱表面、圆锥表面、凸圆弧表面、凹圆弧表面及环形槽组成，内轮廓表面包括 M24×1.5-7H 内螺纹及螺纹退刀槽，零件两端面及螺纹孔口均有 2×45°倒角。根据加工要求确定加工方案、选择刀具，并确定合适的切削用量。

一、加工方案

由于零件两端外圆的同轴度要求较高，故选用毛坯 φ50 mm×150 mm，采用一次装夹，三爪卡盘夹住零件左端外圆，毛坯伸出卡盘约 120 mm，依次粗、精加工出内轮廓及外轮廓所有表面，最后切断。加工方案见表 10-13。

表 10 – 13 加工方案

工序	加工内容	加工方法	选用刀具
1	钻内孔至 φ20 mm 深 22 mm	钻削	φ20 mm 钻头
2	加工内孔至要求尺寸	径向复合切削	93°内孔镗刀
3	加工内孔退刀槽	车削槽	4 mm 宽内孔切槽刀
4	车削 M24×1.5 – 7H 螺纹	车内螺纹	60°内孔螺纹车刀
5	加工外圆	粗、精车	93°外圆车刀（刀尖角 55°）
6	加工 $\phi36_{-0.05}^{0}$ mm×6 mm 槽	车削槽	4 mm 宽外圆切槽刀

二、确定切削用量

刀具切削参数见表 10 – 14。

表 10 – 14 刀具切削参数

刀具号	刀具参数	背吃刀量/mm	主轴转速/（r·min^{-1}）	进给率/（mm·r^{-1}）
T0101	φ20 mm 钻头	—	400	0.05
T0202	93°内孔镗刀	1	800	0.15
		0.25	1 000	0.1
T0303	4 mm 宽内孔切槽刀	—	400	0.02
T0304	60°内孔螺纹车刀		720	1.5
T0405	93°外圆车刀	2	800	0.2
		0.25	1 000	0.1
T0506	4 mm 宽外圆切槽刀	—	400	0.05

三、确定工件坐标系

以工件左、右端面中心为原点，建立工件坐标系，采用刀具偏置法进行对刀。

四、编制数控加工程序

根据制定的加工工艺路线和确定的切削参数，对图 10 – 10 所示零件编制数控加工程序，见表 10 – 15。

表 10 – 15 参考程序

程序	程序说明
O1007;	程序号
N010　G28;	回参考点
N020　T0101;	调用 1 号刀以及 1 号刀设置的工件坐标系
N030　M03 S400;	
N040　G00 X0 Z8.0;	主轴旋转

续表

程序	程序说明
N050　G01 Z－22.0 F0.05；	
N060　G00 Z8.0；	φ20 mm 钻头钻孔
N070　G28；	
N080　T0202；	调用2号刀以及2号刀设置的工件坐标系
N090　G00 X17.0 Z2.0；	N90～N120 粗车内螺纹底孔
N100　G90 X19.0 Z－22.0　F0.15；	
N110　X20.5；	
N120　X22.0；	
N130　G01 X30.376 Z2.0；	N130～N170 精车内螺纹底孔
N140　X22.376 Z－2 F0.1；	
N150　Z－22.0；	
N160　X18.0；	
N170　Z2.0；	
N180　G28；	
N190　T0303；	换3号刀准备进行车削内孔退刀槽
N200　S400 M04；	
N210　G00 X18.0 Z2.0；	
N220　G01 Z－22.0 F0.2；	车内孔退刀槽
N230　X25.0 F0.08；	
N240　X18.0；	
N250　Z2.0；	
N260　G28；	
N270　T0404；	换4号刀准备进行车削内螺纹
N280　G00 X18.0 Z2.0 S720；	N280～N330 车内螺纹
N290　G92 X22.976 Z－19.0 F1.5；	
N300　X23.376；	
N310　X23.676；	
N320　X23.876；	
N330　X24.0；	
N340　G28；	
N350　T0505；	换5号刀准备进行车削外轮廓
N360　M04 S600；	
N370　G00 X52.0 Z2.0；	N370～N480 粗车外轮廓
N380　G73 U10.0 W2.0 R10；	
N390　G73 P400　Q480 U0.5　W0 F0.2；	
N400　G42 G00 X31.992 Z2.0 S800　F0.12；	
N410　X39.992 Z－2.0；	
N420　Z－28.0；	
N430　X36.0 Z－34.0；	φ36 mm 台阶处先车成一个倒锥
N440　G02 X32.674 Z－43.782 R8.0；	
N450　G03 X27.984 Z－70.0 R25.0；	

续表

程序	程序说明
N460　G01 Z-74.0；	
N470　X47.988 Z-86.0；	
N480　G40 X52.0；	
N490　G70 P370 Q480；	精车外轮廓
N500　G28；	
N510　T0606；	换6号刀准备进行车削 φ36 mm 台阶并切断
N520　M04 S400；	
N530　G00 X45.0 Z-27.94；	N530~N590 车削 φ36 mm 台阶
N540　G01 X36.2 F0.05；	
N550　G01 X42.0 F0.2；	
N560　G01 W-3.	
N570　G01 X35.975 F0.05；	
N580　G01 W3.0 F0.05；	
N590　G01 X50.0 F0.2；	
N600　G00 X52.0 Z-104.0；	车倒角之前先预切一个槽
N610　G01 X38.0 F0.08；	
N620　X52.0；	
N630　X47.988 Z-102.0；	
N640　X43.988 Z-104.0；	
N650　X-1.0；	车左端倒角 2×45°
N660　G28；	
N670　M05；	切断
N680　M30；	程序结束

五、仿真加工

操作过程同项目二任务2中表2-10的相关内容。仿真加工结果如图10-11所示。

六、机床加工

图 10-11　仿真加工结果

1. 毛坯、刀具、工具、量具准备

刀具：93°外圆车刀、φ20 mm 钻头、93°内孔镗刀、60°内孔螺纹车刀，4 mm 宽外圆切槽刀、4 mm 宽内孔切槽刀。

量具：0~200 mm 游标卡尺、螺纹样板（每组1套）。

毛坯：45钢，毛坯尺寸为 φ50 mm×150 mm。

①将 φ50 mm×150 mm 的毛坯正确安装在机床的三爪卡盘上。②将各车刀正确安装在刀架上。③正确摆放所需工具、量具。

2. 程序输入与编辑

①开机。②回参考点。③输入程序。④程序图形校验,必要时修改编辑程序。

3. 零件的数控车削加工

①设置工件坐标系。②后置刀架车床主轴反转(前置刀架车床主轴正转)。③X 向对刀,进行相应刀具参数设置。④Z 向对刀,进行相应刀具参数设置。⑤自动加工。

七、 零件检测

使用游标卡尺等量具对加工完的零件进行检测。

扩展任务

(1) G76 和 G92 的作用分别是什么?各适应什么样的加工场合?
(2) 加工内螺纹时应该注意什么?
(3) 简述一般零件的车削加工工艺路线。
(4) 加工图 10 – 12 所示的连接轴工件。

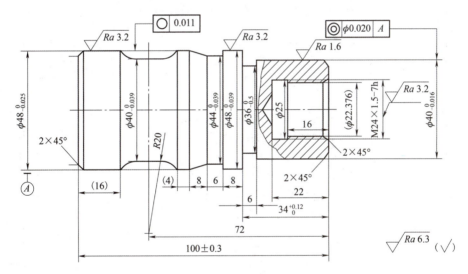

图 10 – 12　连接轴工件

任务 5 高级职业技能考核综合训练二

任务描述

加工图 10-13 所示配合零件，要求制订合理的数控加工工艺方案，编制数控加工程序并进行加工。

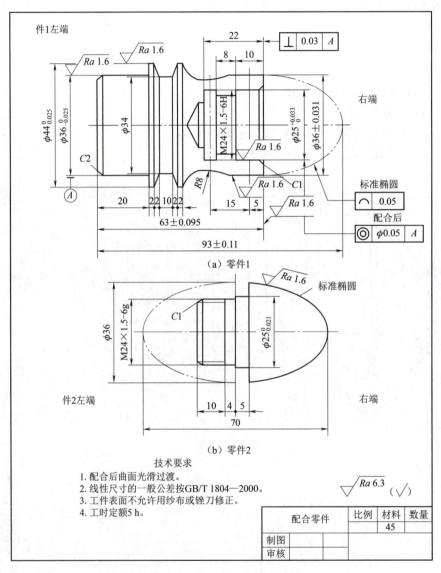

图 10-13 配合零件

任务实施

如图 10-13 所示，本任务为加工配合零件，在加工过程中除了保证工件的单件精度外，还要保证零件配合后的精度。零件外轮廓由圆柱表面、圆锥表面、椭圆弧表面、凹圆弧表面及环形槽组成，M24×1.5 的内外螺纹及螺纹退刀槽，零件两端面及螺纹孔口均有倒角。

一、加工方案

选用毛坯 φ50 mm × 150 mm，采用三爪卡盘装夹，百分表找正。加工方案见表 10-16。

表 10-16 加工方案

工序	加工内容	加工方法	选用刀具
1	粗车止口（毛坯任一端，装夹部件）φ37 mm × 10 mm	粗车外轮廓	93°外圆车刀
2	调头，车件2左端外轮廓	粗、精车外轮廓	93°外圆车刀
3	车件2左端外螺纹 M24×1.5	车削螺纹	60°外圆螺纹车刀
4	切断，保证长度 50 mm	径向复合切削	4 mm 宽外圆切槽刀
5	不卸件接着加工件1的左端外轮廓	粗、精车外轮廓	93°外圆车刀
6	车外沟槽 φ34 mm × 10 mm	车槽	4 mm 宽外圆切槽刀
7	调头，钻孔至 φ20 mm，深 24 mm	钻削	φ20 mm 钻头
8	车内孔至尺寸	粗、精车内轮廓	93°内孔镗刀
9	加工内孔退刀槽	车内槽	4 mm 宽内孔切槽刀
10	加工内螺纹 M24×1.5	车内螺纹	60°内孔螺纹车刀
11	将件2与件1进行螺纹旋合，车削组合件外轮廓	粗、精车	93°外圆车刀（刀尖角55°）

二、确定切削用量

各刀具切削参数见表 10-17。

表 10-17 各刀具切削参数

刀具号	刀具参数	背吃刀量/mm	主轴转速/（r·min^{-1}）	进给率/（mm·r^{-1}）
T0101	93°外圆车刀	3	800	0.2
		0.25	1 200	0.1
T0202	60°外圆螺纹刀	—	720	1.5

续表

刀具号	刀具参数	背吃刀量/mm	主轴转速/(r·min^{-1})	进给率/(mm·r^{-1})
T0303	4 mm 宽外圆切槽刀	—	400	0.05
T0404	φ20 mm 钻头	—	300	0.05
T0505	93°内孔镗刀	1	800	0.2
		0.25	1 200	0.1
T0606	4 mm 宽内孔切槽刀	—	400	0.05
T0707	60°内孔螺纹车刀	—	720	1.5

三、确定工件坐标系

分别以工件左、右端面中心为原点，建立工件坐标系，采用刀具偏置法进行对刀。

四、编制数控加工程序

根据制定的加工工艺路线和确定的切削参数，为图 10-13 所示零件编制数控加工程序，见表 10-18 ~ 表 10-22。

表 10-18 零件 2 左端参考程序

程序	程序说明
O1008;	程序号
G99 G40 G21;	
T0101;	调用 1 号刀以及 1 号刀设置的工件坐标系
M03 S800;	主轴旋转
G00 X47.0 Z2.0;	快速点定位至循环起点
G71 U2.0 R1.0;	粗加工零件 2 左端外轮廓
G71 P10 Q20 U0.5 W0.2 F0.2;	
N10 G01 X21.8 S1200;	
Z0.0;	
X23.8 Z-1.0;	
Z-14.0;	
X25.0;	
Z-19.0;	
N20 X47.0;	
G70 P10 Q20;	精车零件 2 左端外轮廓
G00 X100.0 Z100.0;	
T0404;	调用 4 号刀以及 4 号刀设置的工件坐标系
G00 X26.0 Z5.0 S720;	
G76 P020560 Q50 R0.05;	加工内螺纹
G76 X22.2 Z-10.0 P975 Q400 F1.5;	
G00 X100.0 Z100.0;	

续表

程序	程序说明
T0303; G00　X50.0　Z－54.0 G01　X－1.0; G28; M05; M30;	换切断刀 切断,保证零件1长50 mm 程序结束

表10－19　零件1左端参考程序

程序	程序说明
O1009; G99　G40　G21; T0101; M04　S800; G00　X47.0　Z2.0; G71　U2.0　R1.0; G71　P10　Q20　U0.3　W0.2　F100; N10　G00　X32.0　S1200; G01　Z0.0　F0.1; X36.0　Z－2.0; Z－20.0; X44.0; Z－35.0; N20　X47.0; G70　P10　Q20; G00　X100.0　Z100.0; T0303; G00　X46.0　Z－27.0　S600; G75　R0.3; G75　X34.3　Z－29.0　P1500　Q1000　F0.05; G01　X44.0　Z－25.0　F0.05; X34.0　Z－27.0; X44.0; Z－31.0; X34.0　Z－29.0; X46.0; G00　X100.0　Z100.0; M05; M30;	程序号 调用1号刀以及1号刀设置的工件坐标系 主轴旋转 粗车外圆, 粗加工零件1左端外轮廓 精车件2左端外轮廓 调用3号刀以及3号刀设置的工件坐标系 切槽循环,槽底留0.3 mm精加工余量 切槽的一个侧面 切槽的另一个侧面 程序结束

表 10-20　零件 1 右端螺纹孔参考程序

程序	程序说明
O1010；	程序号
G99　G40　G21；	
T0404；	调用 4 号刀准备钻孔
M03　S300；	主轴正转
G00　X0　Z8.0；	
G74　R1.0；	钻内孔至 φ20 mm
G74　Z-24.Q5000 F0.05；	
G00　Z10.0；	
G28；	
T0505；	换 5 号刀
G00　X19.0　Z2.0；	粗车内孔
G71　U1.0　R0.5；	
G71　P30　Q40　U-0.5　W0.2　F100；	
N30　G00　X27.0　F60　S1000；	
G01　Z0.0；	
X25.0　Z-1.0；	
Z-10.0；	
X22.7；	
Z-22.0；	
N40　X19.0；	
G70　P30　Q40；	精车内孔
G28；	
T0606；	转 6 号刀
G00　X20.0　Z2.0 S400；	
Z-22.0；	
G01　X25.0　F50；	
X20.0；	
G00　Z2.0；	
X100.0　Z100.0；	
T0707；	换 7 号刀
G00　X20.0　Z2.0；	
G76 P020560　Q50　R-0.05；	加工内螺纹
G76　X24.1　Z-20.0　P975　Q300　F1.5；	
G00　X100.0　Z100.0；	
M05；	
M30；	程序结束

表 10-21 组合件外轮廓加工参考程序

程序	程序说明
O1011；	程序号
G99　G40　G21；	
T0101；	调用 1 号刀准备加工组合外轮廓
G00　X100.0　Z100.0；	
M04　S800；	
G00　X47.0　Z2.0；	
G71　U2.0　R1.0；	
G71　P10　Q20　U0.5　W0.2　F200；	
N10　G00　X0.0；	
G01　Z0.0；	
G03　X22.4　Z-6.8　R12.5；	用圆弧逼近椭圆轮廓
G03　X32.5　Z-50　R61.6；	
G02　X44.0　Z-60.0　R8.0；	
N20　X47.0；	
G00　X100.0　Z100.0；	
G00　X47.0　Z2.0；	
G50　S1800；	限制最高转速为 1 800 r/min
G01　X0.0　F80　G96　S100；	恒线速度为 100 m/min
M98　P0005；	调用宏程序
G02　X44.0　Z-60.0　R8.0；	
G97　G00　Xl00.0　Z100.0；	恒转速
M05；	
M30；	

表 10-22 椭圆轮廓加工参考程序

程序	程序说明
O1012；	程序号
#100 = 0.0；	#100 椭圆公式中的 X 坐标值
#102 = 0.0；	#102 椭圆编程中的 X 坐标值，其值为椭圆公式中的 X 坐标值的 2 倍
N10　G01　X #102　Z #100；	
#100 = #100 - 0.1；	
#110 = [#100 + 35.0] * [#100 + 35.0] / [35.0 * 35.0]；	
#101 = SQRT [[1.0 - #110] * [18.0 * 18.0]]；	
102 = #101 * 2.0；	
IF　[#102 GE -50.0]　GOTO　10；	
M99；	

五、仿真加工

操作过程同项目二任务1中表2-10的相关内容。仿真加工结果如图10-14所示。

图10-14 仿真加工结果

六、机床加工

1. 准备毛坯、刀具、工具、量具

刀具：93°外圆车刀、φ20 mm钻头、93°内孔镗刀、60°外圆螺纹车刀4 mm宽外圆切槽刀、4 mm宽内孔切槽刀、93°内孔镗刀。

量具：0~200 mm游标卡尺、螺纹样板（每组1套）。

毛坯：45钢，毛坯尺寸为φ50 mm×150 mm。

①将φ50 mm×150 mm的毛坯正确安装在机床的三爪卡盘上。②将各车刀正确安装在刀架上。③正确摆放所需工具、量具。

2. 输入与编辑程序

①开机。②回参考点。③输入程序。④程序图形校验，必要时修改编辑程序。

3. 零件的数控车削加工

①设置工件坐标系。②后置刀架车床主轴反转（前置刀架车床主轴正转）。③X向对刀，进行相应刀具参数设置。④Z向对刀，进行相应刀具参数设置。⑤自动加工。

七、零件检测

使用游标卡尺等量具对加工完的零件进行检测。

扩展任务

（1）加工配套组合件应该注意什么问题？

（2）加工椭圆曲面时应该注意什么？

（3）怎么调用用户宏程序？

（4）加工凹圆弧面时应该选择什么样的刀具？

（5）怎么检测椭圆曲面的技术参数？

（6）加工图10-15所示的工件。

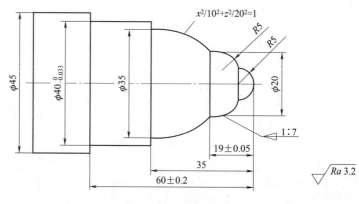

图10-15 椭圆轴

附录 A 数控车床中、高级工技能鉴定标准

一、数控车工中级技能鉴定标准

1. 适用对象
从事编制数控加工程序,并能操作数控车床进行零件车削加工的人员。

2. 申报条件
申报需具备以下条件之一。
(1) 经本职业中级正规培训达规定标准学时数,并取得结业证书。
(2) 连续从事本职业工作 5 年以上。
(3) 取得经劳动保障行政部门审核认定的,以中级技能为培养目标的中等以上职业学校本职业(或相关专业)毕业证书。
(4) 取得相关职业中级职业资格证书后,连续从事本职业 2 年以上。

3. 考生与考评员比例
(1) 知识:理论知识考试考评人员与考生配比为 1:15,每个标准教室不少于 2 名相应级别的考评员。
(2) 技能:技能操作(含软件应用)考核考评员与考生配比为 1:2,且不少于 3 名相应级别的考评员。

4. 鉴定方式
(1) 知识:理论知识考试采用闭卷方式,满分 100 分,60 分及以上者为合格。
(2) 技能:技能操作(含软件应用)考核采用现场实际操作和计算机软件操作方式,满分 100 分,60 分及以上者为合格。

5. 考试要求
(1) 知识要求:理论知识考试为 120 min。
(2) 技能要求:技能操作考核中的实操时间不少于 240 min;技能操作考核中的软件应用考试时间为不超过 120 min。

6. 鉴定场所设备
(1) 知识:理论知识考试在计算机机房,网上进行。
(2) 技能:软件技能应用考试在计算机机房进行;技能操作考核在配备必要的数控车床及必要的刀具、夹具、量具和辅助设备的场所进行。

7. 鉴定要求

数控车工中级技能鉴定要求见表 A-1。

表 A-1 数控车工中级技能鉴定要求

职业功能	工作内容	技能要求	相关知识
（1）加工准备	①读图与绘图	A. 能读懂中等复杂程度（如曲轴）的零件图。 B. 能绘制简单的轴、盘类零件图。 C. 能读懂进给机构、主轴系统的装配图	A. 复杂零件的表达方法。 B. 简单零件图的画法。 C. 零件三视图、局部视图和剖视图的画法。 D. 装配图的画法
	②制定加工工艺	A. 能读懂复杂零件的数控车床加工工艺文件。 B. 能编制简单（轴、盘）零件的数控加工工艺文件	数控车床加工工艺文件的制定
	③零件定位与装夹	能使用通用卡具（如三爪卡盘、四爪卡盘）进行零件装夹与定位	A. 数控车床常用夹具的使用方法。 B. 零件定位、装夹的原理和方法
	④刀具准备	A. 能够根据数控加工工艺文件选择、安装和调整数控车床常用刀具。 B. 能够刃磨常用车削刀具	A. 金属切削与刀具磨损知识。 B. 数控车床常用刀具的种类、结构和特点。 C. 数控车床、零件材料、加工精度和工作效率对刀具的要求
（2）数控编程	①手工编程	A. 能编制由直线、圆弧组成的二维轮廓数控加工程序。 B. 能编制螺纹加工程序。 C. 能够运用固定循环、子程序进行零件的加工程序编制	A. 数控编程知识。 B. 直线插补和圆弧插补的原理。 C. 坐标点的计算方法
	②计算机辅助编程	A. 能够使用计算机绘图设计软件绘制简单（轴、盘、套）零件图。 B. 能够利用计算机绘图软件计算节点	计算机绘图软件（二维）的使用方法

续表

职业功能	工作内容	技能要求	相关知识
（3）数控车床操作	①操作面板	A. 能够按照操作规程启动及停止机床。 B. 能使用操作面板上的常用功能键（如回零、手动、MDI、修调等）	A. 熟悉数控车床操作说明书。 B. 数控车床操作面板的使用方法
	②程序输入与编辑	A. 能够通过各种途径（如DNC、网络等）输入加工程序。 B. 能够通过操作面板编辑加工程序	A. 数控加工程序的输入方法。 B. 数控加工程序的编辑方法。 C. 网络知识
	③对刀	A. 能进行对刀并确定相关坐标系。 B. 能设置刀具参数	A. 对刀的方法。 B. 坐标系的知识。 C. 刀具偏置补偿、半径补偿与刀具参数的输入方法
	④程序调试与运行	能够对程序进行校验、单步执行、空运行并完成零件试切	程序调试的方法

（4）零件加工	①轮廓加工	A. 能进行轴、套类零件加工，并达到以下要求。
		  a. 尺寸公差等级：IT6。
		  b. 形位公差等级：IT8。
		  c. 表面粗糙度：$Ra1.6\ \mu m$。
		B. 能进行盘类、支架类零件加工，并达到以下要求。
		  a. 轴径公差等级：IT6。
		  b. 孔径公差等级：IT7。
		  c. 形位公差等级：IT8。
		  d. 表面粗糙度：$Ra1.6\ \mu m$
			A. 内外径的车削加工方法、测量方法。
			B. 形位公差的测量方法。
			C. 表面粗糙度的测量方法

	②螺纹加工	能进行单线等节距的普通三角螺纹、锥螺纹的加工，并达到以下要求。 A. 尺寸公差等级：IT6～IT7级。 B. 形位公差等级：IT8。 C. 表面粗糙度：$Ra1.6\ \mu m$	A. 常用螺纹的车削加工方法。 B. 螺纹加工中的参数计算

续表

职业功能	工作内容	技能要求	相关知识
（4）零件加工	③槽类加工	能进行内径槽、外径槽和端面槽的加工，并达到以下要求。 A. 尺寸公差等级：IT8。 B. 形位公差等级：IT8。 C. 表面粗糙度：$Ra3.2$ μm	内、外径槽和端槽的加工方法
	④孔加工	能进行孔加工，并达到以下要求。 A. 尺寸公差等级：IT7。 B. 形位公差等级：IT8。 C. 表面粗糙度：$Ra3.2$ μm	孔的加工方法
	⑤零件精度检验	能够进行零件的长度、内外径、螺纹、角度精度检验	A. 通用量具的使用方法。 B. 零件精度检验及测量方法
（5）数控车床维护与精度检验	①数控车床日常维护	能够根据说明书完成数控车床的定期及不定期维护保养，包括机械、电、气、液压、数控系统检查和日常保养等	A. 数控车床说明书。 B. 数控车床日常保养方法。 C. 数控车床操作规程。 D. 数控系统（进口与国产数控系统）使用说明书
	②数控车床故障诊断	A. 能读懂数控系统的报警信息。 B. 能发现数控车床的一般故障	A. 数控系统的报警信息。 B. 机床的故障诊断方法
	③机床精度检查	能够检查数控车床的常规几何精度	数控车床常规几何精度的检查方法

8. 各项目比重表

1）各项理论知识比重表

各项理论知识比重见表 A – 2。

表 A – 2　各项理论知识比重表

项目	基本要求		相关知识					合计
	职业道德	基础知识	加工准备	数控编程	数控车床操作	零件加工	数控车床维护与精度检验	
中级（%）	5	20	15	20	5	30	5	100

2) 各项技能要求比重表

各项技能要求比重见表 A-3。

表 A-3　各项技能要求比重表

比重	相关知识						合计
	加工准备	数控编程	数控车床操作	零件加工	数控车床维护与精度检验	工艺分析与设计、培训与管理	
中级（%）	10	20	5	60	5	—	100

二、数控高级车工技能鉴定标准

1. 适用对象

从事编制数控加工程序，并能操作数控车床进行零件车削加工的人员。

2. 申报条件

申报需具备以下条件之一。

（1）取得本职业中级职业资格证书后，连续从事本职业工作 2 年以上，经本职业高级正规培训，达到规定标准学时数，并取得结业证书。

（2）取得本职业中级职业资格证书后，连续从事本职业工作 4 年以上。

（3）取得劳动保障行政部门审核认定的，以高级技能为培养目标的职业学校本职业（或相关专业）毕业证书。

（4）大专以上本专业或相关专业毕业生，经本职业高级正规培训，达到规定标准学时数，并取得结业证书。

3. 考生与考评员比例

（1）知识：理论知识考试考评人员与考生配比为 1∶15，每个标准教室不少于 2 名相应级别的考评员。

（2）技能：技能操作（含软件应用）考核考评员与考生配比为 1∶2，且不少于 3 名相应级别的考评员。

4. 鉴定方式

（1）知识：理论知识考试采用闭卷方式，满分 100 分，60 分及以上者为合格。

（2）技能：技能操作（含软件应用）考核采用现场实际操作和计算机软件操作方式，满分 100 分，60 分及以上者为合格。

5. 考试要求

（1）知识要求：理论知识考试为 120 min。

（2）技能要求：技能操作考核中的实操时间不少于 240 min；技能操作考核中的软件应用考试时间为不超过 120 min。

6. 鉴定场所设备

（1）知识：理论知识考试在计算机机房，网上进行。

（2）技能：软件技能应用考试在计算机机房进行；技能操作考核在配备必要的数控车

床及必要的刀具、夹具、量具和辅助设备的场所进行。

7. 鉴定要求

数控车工高级技能鉴定要求见表 A-4。

表 A-4 数控车工高级技能鉴定要求

职业功能	工作内容	技能要求	相关知识
(1) 加工准备	①读图与绘图	A. 能够读懂中等复杂程度（如刀架）的装配图。 B. 能够根据装配图拆画零件图。 C. 能够测绘零件	A. 根据装配图拆画零件图的方法。 B. 零件的测绘方法
	②制定加工工艺	能编制复杂零件的数控车床加工工艺文件	复杂零件数控加工工艺文件的制定
	③零件定位与装夹	A. 能选择和使用数控车床组合夹具和专用夹具。 B. 能分析并计算车床夹具的定位误差。 C. 能够设计与自制装夹辅具（如心轴、轴套、定位件等）	A. 数控车床组合夹具和专用夹具的使用、调整方法。 B. 专用夹具的使用方法。 C. 夹具定位误差的分析与计算方法
	④刀具准备	A. 能够选择各种刀具及刀具附件。 B. 能够根据难加工材料的特点，选择刀具的材料、结构和几何参数。 C. 能够刃磨特殊车削刀具	A. 专用刀具的种类、用途、特点和刃磨方法。 B. 切削难加工材料时的刀具材料和几何参数的确定方法
(2) 数控编程	①手工编程	能运用变量编程编制含有公式曲线的零件数控加工程序	A. 固定循环和子程序的编程方法。 B. 变量编程的规则和方法
	②计算机辅助编程	能用计算机绘图软件绘制装配图	计算机绘图软件的使用方法
	③数控加工仿真	能利用数控加工仿真软件实施加工过程仿真以及加工代码检查、干涉检查、工时估算	数控加工仿真软件的使用方法

续表

职业功能	工作内容	技能要求	相关知识
(3) 零件加工	①轮廓加工	能进行细长、薄壁零件加工，并达到以下要求。 A. 轴径公差等级：IT6。 B. 孔径公差等级：IT7。 C. 形位公差等级：IT8。 D. 表面粗糙度：Ra1.6 μm	细长、薄壁零件加工的特点及装卡、车削方法
	②螺纹加工	A. 能进行单线和多线等节距的T形螺纹、锥螺纹加工，并达到以下要求。 a. 尺寸公差等级：IT6。 b. 形位公差等级：IT8。 c. 表面粗糙度：Ra1.6 μm B. 能进行变节距螺纹的加工，并达到以下要求。 a. 尺寸公差等级：IT6。 b. 形位公差等级：IT7。 c. 表面粗糙度：Ra1.6 μm	A. T形螺纹、锥螺纹加工中的参数计算。 B. 变节距螺纹的车削加工方法
	③孔加工	能进行深孔加工，并达到以下要求。 A. 尺寸公差等级：IT6。 B. 形位公差等级：IT8。 C. 表面粗糙度：Ra1.6 μm	深孔的加工方法
	④配合件加工	能按装配图上的技术要求对套件进行零件加工和组装，配合公差达到IT7级	套件的加工方法
	⑤零件精度检验	A. 能够在加工过程中使用百（千）分表等进行在线测量，并能进行加工技术参数的调整。 B. 能够进行多线螺纹的检验。 C. 能进行加工误差分析	A. 百（千）分表的使用方法。 B. 多线螺纹的精度检验方法。 C. 误差分析的方法

续表

职业功能	工作内容	技能要求	相关知识
（4）数控车床维护与精度检验	①数控车床日常维护	A. 能判断数控车床的一般机械故障。 B. 能完成数控车床的定期维护保养	A. 数控车床机械故障和排除方法。 B. 数控车床液压原理和常用液压元件
	②机床精度检验	A. 能够进行机床几何精度检验。 B. 能够进行机床切削精度检验	A. 机床几何精度检验内容及方法。 B. 机床切削精度检验内容及方法

8. 各项目比重表

1）各项理论知识比重表

各项理论知识比重见表 A–5。

表 A–5　各项理论知识比重表

比重	基本要求		相关知识					合计
	职业道德	基础知识	加工准备	数控编程	数控车床操作	零件加工	数控车床维护与精度检验	
高级（%）	5	20	15	20	5	30	5	100

2）各项技能要求比重表

各项技能要求比重见表 A–6。

表 A–6　各项技能要求比重表

比重	相关知识						合计
	加工准备	数控编程	数控车床操作	零件加工	数控车床维护与精度检验	工艺分析与设计，培训与管理	
高级（%）	10	20	5	60	5	—	100

附录 B 数控车床中、高级工技能鉴定样题

B.1 数控车床中级工技能鉴定样题

B.1.1 数控车床中级工理论样题

一、判断题（每题 1 分，共 30 分）

1. YT 类硬质合金中含钴量越多，刀片硬度越高，耐热性越好，但脆性越大。（　　）
2. 主偏角增大，刀具刀尖部分强度与散热条件变差。（　　）
3. 对于没有刀具半径补偿功能的数控系统，编程时不需要计算刀具中心的运动轨迹，可按零件轮廓编程。（　　）
4. 一般情况下，在使用砂轮等旋转类设备时，操作者必须戴手套。（　　）
5. 数控车床具有运动传动链短，运动副的耐磨性好，摩擦损失小，润滑条件好，总体结构刚性好，抗振性好等结构特点。（　　）
6. 退火的目的是改善钢的组织，提高其强度，改善切削加工性能。（　　）
7. 平行度、对称度同属于位置公差。（　　）
8. 在金属切削过程中，高速加工塑性材料时，易产生积屑瘤，它将给切削过程带来一定的影响。（　　）
9. 外圆车刀装得低于工件中心时，车刀的工作前角减小，工作后角增大。（　　）
10. 加工偏心工件时，应保证偏心的中心与机床主轴的回转中心重合。（　　）
11. 全闭环数控机床的检测装置，通常安装在伺服电机上。（　　）
12. 零件加工时只有当 6 个自由度全部被限制时，才能保证加工精度。（　　）
13. 在编写圆弧插补程序时，若用半径 R 指定圆心位置，则不能描述整圆。（　　）
14. 低碳钢的含碳量 ≤0.025%。（　　）
15. 数控车床适宜加工轮廓形状特别复杂或难于控制尺寸的回转体零件、箱体类零件、精度要求高的回转体类零件、特殊的螺旋类零件等。（　　）
16. 可以完成几何造型（建模）、刀位轨迹计算及生成、后置处理、程序输出功能的编程方法，被称为图形交互式自动编程。（　　）
17. 液压传动中，动力元件是液压缸，执行元件是液压泵，控制元件是油箱。（　　）
18. 恒线速控制的原理是当工件的直径越大时，进给速度越慢。（　　）
19. 数控机床的伺服系统由伺服驱动和伺服执行两个部分组成。（　　）
20. CIMS 是指计算机集成制造系统，FMS 是指柔性制造系统。（　　）

21. 检验加工零件尺寸时，应选精度高的测量器具。（　）
22. 三爪卡盘装夹工件时，一般不须找正，装夹速度快。（　）
23. 图样上标注斜度及锥度的符号时，应注意其方向。（　）
24. 公差就是加工零件实际尺寸与图纸尺寸的差值。（　）
25. 数控车刀补偿有半径补偿和直径补偿。（　）
26. 在数控车削加工中，一般按工序集中的原则划分工序。（　）
27. 加工余量是指加工零件的过程中，切去金属层后零件的实际尺寸。（　）
28. 数控机床的坐标原点和机床参考点是同一位置。（　）
29. 每一工序中应尽量减少安装次数，是因为多一次安装，就会多产生一次误差，而且增加辅助时间。（　）
30. 卧式数控车床为水平导轨，易于排屑。（　）

二、选择题（单选题，每题 1 分，共 70 分）

31. 在切削平面内测量的车刀角度有（　）。
A. 前角　　　B. 后角　　　C. 楔角　　　D. 刃倾角

32. 车削加工时的切削力可分解为主切削力 F_z、切深抗力 F_y 和进给抗力 F_x，其中消耗功率最大的力是（　）。
A. 进给抗力 F_x　　B. 切深抗力 F_y　　C. 主切削力 F_z　　D. 不确定

33. 切断刀主切削刃太宽，切削时容易产生（　）。
A. 弯曲　　　B. 扭转　　　C. 刀痕　　　D. 振动

34. 车床数控系统中，用哪一组指令进行恒线速控制（　）。
A. G0 S_　　B. G96 S_　　C. G01 F_　　D. G98 S_

35. 车削用量的选择原则是：粗车时，一般（　），最后确定一个合适的切削速度 v_c。
A. 应首先选择尽可能大的吃刀量 a_p，其次选择较大的进给量 f
B. 应首先选择尽可能小的吃刀量 a_p，其次选择较大的进给量 f
C. 应首先选择尽可能大的吃刀量 a_p，其次选择较小的进给量 f
D. 应首先选择尽可能小的吃刀量 a_p，其次选择较小的进给量 f

36. 程序校验与首件试切的作用是（　）。
A. 检查机床是否正常
B. 提高加工质量
C. 检验程序是否正确及零件的加工精度是否满足图纸要求
D. 检验参数是否正确

37. 在数控加工中，刀具补偿功能除对刀具半径进行补偿外，在用同一把刀进行粗、精加工时，还可进行加工余量的补偿，设刀具半径为 r，精加工时半径方向余量为 Δ，则最后一次粗加工走刀的半径补偿量为（　）。
A. r　　　B. Δ　　　C. $r+\Delta$　　　D. $2r+\Delta$

38. 数控车床系统中，以下哪组指令是正确的（　）。
A. G00　F_　　B. G41　X_　Z_　　C. G40　G02　Z_　　D. G42　G00X_　Z_

39. 工件在小锥度芯轴上定位，可限制（　）个自由度。
A. 3　　　B. 4　　　C. 5　　　D. 6

40. 麻花钻有 2 条主切削刃、2 条副切削刃和（　　）横刃。
A. 2 条　　　　　　B. 1 条　　　　　　C. 3 条　　　　　　D. 没有

41. 机械效率值永远是（　　）。
A. 大于 1　　　　　B. 小于 1　　　　　C. 等于 1　　　　　D. 负数

42. 夹紧力的方向应尽量垂直于主要定位基准面，同时应尽量与（　　）方向一致。
A. 退刀　　　　　　B. 振动　　　　　　C. 换刀　　　　　　D. 切削

43. 数控机床切削精度检验（　　），对机床几何精度和定位精度的一项综合检验。
A. 又称静态精度检验，是在切削加工条件下
B. 又称动态精度检验，是在空载条件下
C. 又称动态精度检验，是在切削加工条件下
D. 又称静态精度检验，是在空载条件下

44. 采用基孔制，用于相对运动的各种间隙配合时，轴的基本偏差应在（　　）之间选择。
A. s～u　　　　　　B. a～g　　　　　　C. h～n　　　　　　D. a～u

45. 《公民道德建设实施纲要》提出"在全社会大力倡导（　　）的基本道德规范"。
A. 遵纪守法、诚实守信、团结友善、勤俭自强、敬业奉献
B. 爱国守法、诚实守信、团结友善、勤俭自强、敬业奉献
C. 遵纪守法、明礼诚信、团结友善、勤俭自强、敬业奉献
D. 爱国守法、明礼诚信、团结友善、勤俭自强、敬业奉献

46. 夹具的制造误差通常应是工件在该工序中允许误差的（　　）。
A. 1～3 倍　　　　　B. 1/3～1/5　　　　　C. 1/10～1/100　　　　　D. 等同值

47. 数控系统的报警大致可以分为操作报警、程序错误报警、驱动报警及系统错误报警，某个程序在运行过程中出现"圆弧端点错误"，这属于（　　）。
A. 程序错误报警　　B. 操作报警　　　　C. 驱动报警　　　　D. 系统错误报警

48. 切削脆性金属材料时，在刀具前角较小、切削厚度较大的情况下，容易产生（　　）。
A. 带状切屑　　　　B. 节状切屑　　　　C. 崩碎切屑　　　　D. 粒状切屑

49. 脉冲当量是数控机床数控轴的位移量的最小设定单位，脉冲当量的取值越小，插补精度（　　）。
A. 越高　　　　　　B. 越低　　　　　　C. 与其无关　　　　D. 不受影响

50. 尺寸链按功能分为设计尺寸链和（　　）。
A. 封闭尺寸链　　　B. 装配尺寸链　　　C. 零件尺寸链　　　D. 工艺尺寸链

51. 测量与反馈装置的作用是为了（　　）。
A. 提高机床的安全性　　　　　　　　　B. 提高机床的使用寿命
C. 提高机床的定位精度、加工精度　　　D. 提高机床的灵活性

52. 砂轮的硬度取决于（　　）。
A. 磨粒的硬度　　　　　　　　　　　　B. 结合剂的粘接强度
C. 磨粒粒度　　　　　　　　　　　　　D. 磨粒率

53. 只读存储器只允许用户读取信息，不允许用户写入信息。对于一些常需读取且不

希望改动的信息或程序,就可存储在只读存储器中,只读存储器英语缩写为( )。
    A. CRT   B. PIO   C. ROM   D. RAM

54. 精基准是用( )作为定位基准面。
    A. 未加工表面   B. 复杂表面   C. 切削量小的   D. 加工后的表面

55. 在现代数控系统中,系统都有子程序功能,并且子程序( )嵌套。
    A. 只能有一层   B. 可以有限层   C. 可以无限层   D. 不能

56. 在数控生产技术管理中,除对操作、刀具、维修人员的管理外,还应加强对( )的管理。
    A. 编程人员   B. 职能部门   C. 采购人员   D. 后勤人员

57. 加工精度高;( );自动化程度高;劳动强度低;生产效率高等是数控机床加工的特点。
    A. 加工轮廓简单、生产批量又特别大的零件
    B. 对加工对象的适应性强
    C. 装夹困难或必须依靠人工找正、定位才能保证其加工精度的单件零件
    D. 适于加工余量特别大、材质及余量都不均匀的坯件

58. 机械零件的真实大小是以图样上的( )为依据。
    A. 比例   B. 公差范围   C. 技术要求   D. 尺寸数值

59. 数控车床能进行螺纹加工,其主轴上一定安装了( )。
    A. 测速发电机   B. 脉冲编码器   C. 温度控制器   D. 光电管

60. 采用固定循环编程,可以( )。
    A. 加快切削速度,提高加工质量   B. 缩短程序的长度,减少程序所占内存
    C. 减少换刀次数,提高切削速度   D. 减少吃刀深度,保证加工质量

61. 按数控系统的控制方式分类,数控机床分为开环控制数控机床、( )、闭环控制数控机床。
    A. 点位控制数控机床   B. 点位直线控制数控机床
    C. 半闭环控制数控机床   D. 轮廓控制数控机床

62. 影响数控车床加工精度的因素很多,要提高加工工件的质量,有很多措施,但( )不能提高加工精度。
    A. 将绝对编程改变为增量编程   B. 正确选择车刀类型
    C. 控制刀尖中心高误差   D. 减小刀尖圆弧半径对加工的影响

63. 梯形螺纹测量一般是用三针测量法测量螺纹的( )。
    A. 大径   B. 小径   C. 底径   D. 中径

64. 退火、正火一般安排在( )之后。
    A. 毛坯制造   B. 粗加工   C. 半精加工   D. 精加工

65. 数控系统中,( )指令在加工过程中是模态的。
    A. G01,F   B. G27,G28   C. G04   D. M02

66. 蜗杆传动的承载能力( )。
    A. 较低   B. 较高
    C. 与传动形式无关   D. 上述结果均不正确

67. 为了保障人身安全，在正常情况下，电气设备的安全电压规定为（　　）。
A. 42 V　　　　B. 36 V　　　　C. 24 V　　　　D. 12 V

68. 允许间隙或过盈的变动量称为（　　）。
A. 最大间隙　　B. 最大过盈　　C. 配合公差　　D. 变动误差

69. 数控编程时，应首先设定（　　）。
A. 机床原点　　B. 固定参考点　　C. 机床坐标系　　D. 工件坐标系

70. 分析切削层变形规律时，通常把切削刃作用部位的金属划分为（　　）变形区。
A. 2 个　　　　B. 4 个　　　　C. 3 个　　　　D. 5 个

71. 在下列指令中，（　　）与 M01 功能相似。
A. M00　　　　B. M02　　　　C. M03　　　　D. M30

72. 螺纹的公称直径是指（　　）。
A. 螺纹小径　　　　　　　　　B. 螺纹中径
C. 螺纹大径　　　　　　　　　D. 螺纹分度圆直径

73. 数控车床的主要参数为（　　）。
A. 最小输入量
B. 中心高，最大车削长度，主轴内孔直径锥度等
C. 伺服控制功能
D. 主轴功能，编程功能

74. 数控车床上的卡盘、中心架等属于（　　）夹具。
A. 通用　　　　B. 专用　　　　C. 组合　　　　D. 可拆卸

75. 孔的精度主要有（　　）和同轴度。
A. 垂直度　　　B. 圆度　　　　C. 平行度　　　D. 对称度

76. 在数控卡盘上，用反爪装夹零件时，它限制了工件（　　）自由度。
A. 2 个　　　　B. 4 个　　　　C. 3 个　　　　D. 5 个

77. 识读装配图的步骤是先（　　）。
A. 识读标题栏　　　　　　　　B. 看视图配置
C. 看标注尺寸　　　　　　　　D. 看技术要求

78. 程序编制中首件试切的作用是（　　）。
A. 检验零件图样设计的正确性　　B. 检验零件工艺方案的正确性
C. 检验程序单及控制界面　　　　D. 观察刀具的运行轨迹

79. G92 X20 Y50 Z30 M03 表示（　　）。
A. 点（20，50，30）为刀具的起点　　B. 程序起点
C. 点（20，50，30）为机床参考　　　D. 程序终点

80. 图样中螺纹的底径线用（　　）绘制。
A. 粗实线　　　B. 细点画线　　C. 细实线　　　D. 虚线

81. 公差代号 H7 的孔和代号（　　）的轴组成过渡配合。
A. f6　　　　　B. g6　　　　　C. m6　　　　　D. u6

82. 常温下刀具材料的硬度应在（　　）以上。
A. HRC60　　　B. HRC50　　　C. HRC80　　　D. HRC100

83. 机床"快动"方式下，机床移动速度 F 应由（　　）确定。
　　A. 程序指定　　　　　　　　　　B. 面板上进给倍率按钮
　　C. 机床系统内定　　　　　　　　D. 都不是
84. 铰孔精度一般可达（　　）。
　　A. IT4～IT5　　B. IT5～IT6　　C. IT7～IT9　　D. IT9～IT10
85. 用螺纹千分尺可测量外螺纹的（　　）。
　　A. 大径　　　　B. 小径　　　　C. 中径　　　　D. 螺距
86. 工件材料相同时，车削温度上升基本相同，其热变形伸长量主要取决于（　　）。
　　A. 工件的长度　　　　　　　　　B. 材料的热膨胀系数
　　C. 刀具磨损　　　　　　　　　　D. 其他
87. 若程序中主轴转速为 S1 000，当主轴倍率按钮打在 80 时，主轴实际转速为（　　）。
　　A. 800　　　　B. S8 000　　　C. S80　　　　D. S1 000
88. 数控车床 X 轴对刀时，若工件直径车一刀后，测得直径值为 20.030 mm，应通过面板输入 X 值为（　　）。
　　A. X20.030　　B. X－20.030　　C. X10.015　　D. X－10.015
89. 用一顶一夹装夹工件时，若后顶尖轴线不在车床主轴轴线上，会产生（　　）。
　　A. 振动　　　　B. 锥度　　　　C. 表面粗糙度差　　D. 同轴度差
90. 液压泵的最大工作压力应（　　）其公称压力。
　　A. 大于　　　　B. 小于　　　　C. 小于或等于　　　D. 等于
91. 以下不属于数控机床主传动特点的是（　　）。
　　A. 采用调速电机　　B. 变速范围大　　C. 传动路线长　　D. 变速迅速
92. 工件在装夹中，由于设计基准与（　　）不重合而产生的误差，称为基准不重合误差。
　　A. 工艺　　　　B. 装配　　　　C. 定位　　　　D. 夹紧
93. 轴在长 V 形铁上定位，限制了（　　）个自由度。
　　A. 2　　　　　B. 4　　　　　C. 3　　　　　D. 6
94. 垫圈放在磁力工作台上磨端面，属于（　　）定位。
　　A. 完全　　　　B. 部分　　　　C. 重复　　　　D. 欠
95. 设计夹具时，定位元件的公差约等于工件公差的（　　）。
　　A. 1/2　　　　B. 2 倍　　　　C. 1/3　　　　D. 3 倍
96. 以下材料中，耐热性最好的是（　　）。
　　A. 碳素工具钢　　B. 合金工具钢　　C. 硬质合金　　D. 高速钢
97. 精车时，为了减少工件表面粗糙度，车刀的刃倾角应取（　　）值。
　　A. 正　　　　　B. 负　　　　　C. 零　　　　　D. 都可以
98. 程序的修改步骤是将光标移至要修改处，输入新的内容，然后按（　　）按钮即可。
　　A. 插入　　　　B. 删除　　　　C. 替代　　　　D. 复位
99. 在 Z 轴方向对刀时，一般采用在端面车一刀，然后保持刀具 Z 轴坐标不动，按（　　）按钮，即将刀具的位置确认为编程坐标系零点。
　　A. 回零　　　　B. 置零　　　　C. 空运转　　　　D. 暂停

100. 发生电火灾时，应选用（　　）灭火。
A. 水　　　　　　B. 砂　　　　　　C. 普通灭火器　　　D. 冷却液

B.1.2　数控车床中级工仿真操作技能样题

(1) 本题分值：100 分。
(2) 考核时间：120 min。
(3) 具体考核要求：按图 B-1 所示工件图样完成加工操作。
推荐使用刀具见表 B-1。

表 B-1　推荐使用刀具

序号	刀片类型	刀片角度	刀柄
1	菱形刀片	80°	93°正偏手刀
2	菱形刀片	35°	93°正偏手刀
3	菱形刀片	45°	93°正偏手刀

工件毛坯尺寸：$\phi55$ mm×105 mm。

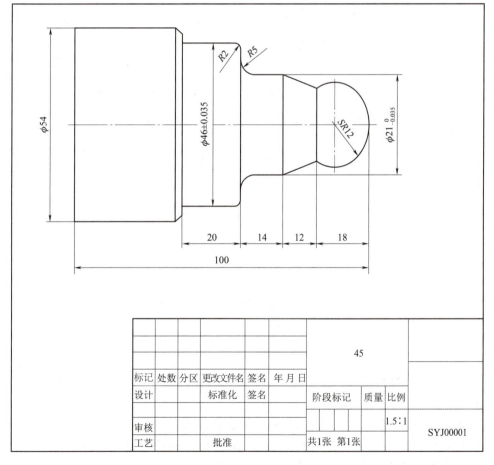

图 B-1　零件 1

B.1.3 数控车床中级工操作技能样题

(1) 本题分值：100 分；

(2) 考核时间：120 min；

(3) 具体考核要求：按图 B-2 所示工件图样完成加工操作。

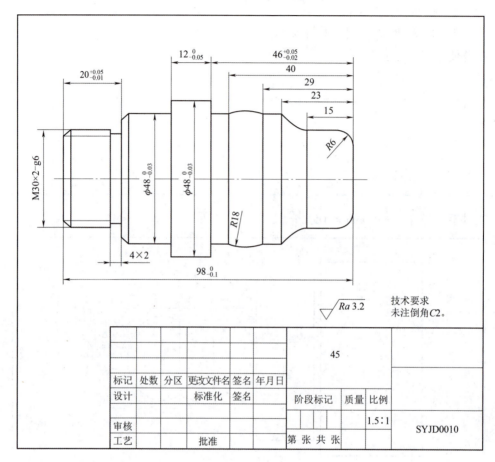

图 B-2 零件 2

B.2 数控车床高级工技能鉴定样题

B.2.1 数控车床高级工理论样题

一、判断题（将判断结果填入括号中。正确的填"√"，错误的填"×"。每小题 1 分，共 30 分）

1. P 类硬质合金车刀适于加工长切屑的黑色金属。　　　　　　　　　　　　（　）
2. GSK928，当确定用 G11 编程后，所有有关 Z 方向的尺寸都必须是直径。　（　）
3. 三角带传递功率的能力，A 型带最小，O 型最大。　　　　　　　　　　　（　）

4. 只要将交流电通入三相异步电动机定子绕组，就能产生旋转磁场。（　　）
5. 高碳钢的质量优于中碳钢，中碳钢的质量优于低碳钢。（　　）
6. 零件上的毛坯表面都可以作为定位时的精基准。（　　）
7. 凡已加工过的零件表面都可以用作定位时的精基准。（　　）
8. 在定位时只要能限制工件的 6 个自由度，就可以达到完全定位的目的。（　　）
9. 模数蜗杆的齿形角为 40°，径节蜗杆的齿形角为 29°。（　　）
10. 铸件的壁厚相差越大，毛坯内部产生的内应力也越大，应当采用人工时效的方法来加以消除，然后才能进行切削加工。（　　）
11. 机床导轨是数控机床的重要部件。（　　）
12. 切断刀的特点是主切削刃较窄。（　　）
13. 尺寸链封闭环的基本尺寸，是其他各组成环基本尺寸的代数差。（　　）
14. 工件以其已加工平面，在夹具的 4 个支承块上定位，属于四点定位。（　　）
15. 机床的操练、调整和修理应由有经验或受过专门训练的人员进行。（　　）
16. 数控加工中，程序调试的目的：一是检查所编程序是否正确，二是把编程零点、加工零点和机床零点相统一。（　　）
17. 用游标卡尺可测量毛坯件尺寸。（　　）
18. 8031 与 8751 单片机的主要区别是 8031 片内无 RAM。（　　）
19. 坦克的履带板是用硬度很高的高锰奥氏体钢制造的，因此耐用。（　　）
20. 闭环系统比开环系统具有更高的稳定性。（　　）
21. 刀具的耐热性是指金属切削过程中产生剧烈摩擦的性能。（　　）
22. 图样上的角度尺寸必须标注计量单位。（　　）
23. 切断刀安装，主刀刃应略高于主轴中心。（　　）
24. 用一个精密的塞规可以检查加工孔的质量。（　　）
25. 数控机床的加工精度比普通机床高，是因为数控机床的传动链较普通机床的传动链长。（　　）
26. 建立长度补偿的指令为 G43。（　　）
27. 每把刀具都有自己的长度补偿，当换刀时，利用 G43（G44）H 指令赋予了自己的刀长补偿而自动取消前一把刀具的长度补偿。（　　）
28. G41 为刀具右侧半径尺寸补偿，G42 为刀具左侧半径尺寸补偿。（　　）
29. 在循环加工时，当执行有 M00 指令的程序段后，如果要继续执行下面的程序，必须按进给保持按钮。（　　）
30. 评定表面轮廓粗糙度所必需的一段长度称为取样长度，其可包含几个评定长度。（　　）

二、选择题（以下各题均有 A、B、C 和 D 四个答案，其中只有一个是正确的，请将其字母代号填进括号内。每小题 1 分，共 70 分）

1. 凸轮旋转 1 个单位角度，从动件上升或下降的距离叫凸轮（　　）。
A. 升高量　　　　B. 导程　　　　C. 升高率　　　　D. 螺旋角
2. 气动量仪将被测尺寸转为气体物理量来实现长度测量，在（　　）中使用。
A. 单件生产　　　B. 小批生产　　　C. 成批生产　　　D. 中批生产

3. 产品质量波动是（　　）。
   A. 可以控制的　　B. 绝对的　　C. 相对的　　D. 异常的
4. 用尾座顶尖支承工件车削轴类零件时，工件易出现（　　）缺陷。
   A. 不圆度　　B. 腰鼓形　　C. 竹节形　　D. 圆柱度
5. 切削液的作用主要是（　　）。
   A. 提高尺寸精度　　B. 方便机床清洁
   C. 冷却和润滑　　D. 降低切削效率
6. 对于配合精度要求较高的圆锥工件，在工厂中一般采用（　　）检验。
   A. 角度样板　　B. 万能角度尺
   C. 圆锥量规涂色　　D. 其他量具
7. 在中断型系统软件结构中，各种功能程序被安排成优先级别不同的中断服务程序，下列程序中被安排成最高级别的应是（　　）。
   A. CRT 显示　　B. 伺服系统位置控制
   C. 插补运算及转段处理　　D. 译码、刀具中心轨迹计算
8. FANUC15 系列的 CNC 系统快速进给速度已达到（　　）。
   A. 10 m/min　　B. 10 m/s　　C. 100 m/s　　D. 100 m/min
9. 杠杆千分尺是由螺旋测微部分和（　　）部分组成。
   A. 杠杆机构　　B. 齿轮机构　　C. 杠杆齿轮机构　　D. 螺旋机构
10. 在方向控制阀阀体结构上，（　　）通常在中间。
    A. B 口　　B. P 口　　C. A 口　　D. O 口
11. 对于一个设计合理，制造良好的带位置闭环控制系统的数控机床，可达到的精度由（　　）决定。
    A. 机床机械结构的精度　　B. 检测元件的精度
    C. 计算机的运算速度　　D. 驱动装置的精度
12. 对于含碳量不大于 0.5% 的碳钢，一般采用（　　）人为预备热处理。
    A. 退火　　B. 正火　　C. 调质　　D. 淬火
13. 机床坐标系原点是确定（　　）的基准。
    A. 固定原点　　B. 浮动原点　　C. 工件原点　　D. 程序原点
14. 数控加工夹具有较高的（　　）精度。
    A. 粗糙度　　B. 尺寸　　C. 定位　　D. 以上都不是
15. 高速切削塑性金属材料时，若没采取适当的断屑措施，则易形成（　　）切屑。
    A. 挤裂　　B. 崩碎　　C. 带状　　D. 短
16. 铣削加工的主运动是（　　）。
    A. 铣刀的旋转　　B. 工件的移动
    C. 工作台的升降　　D. 工作台的移动
17. 几个 FMC 用计算机和输送装置连接起来可以组成（　　）。
    A. CIMS　　B. DNC　　C. CNC　　D. FMS
18. 半闭环系统的反馈装置一般装在（　　）。
    A. 导轨上　　B. 伺服电机上　　C. 工作台上　　D. 刀架上

19. GSK928 型 CNC 控制系统数控车床使用（　　）坐标系。
   A. 直角　　　　B. 极　　　　C. 圆柱　　　　D. 球

20. GSK928 型 CNC 控制系统数控车床使用（　　）设置系统坐标系。
   A. G90　　　　B. G91　　　　C. G92　　　　D. G93

21. 为提高 CNC 系统的可靠性，可采用（　　）。
   A. 单片机　　　　　　　　　　B. 双 CPU
   C. 提高时钟频率　　　　　　　D. 光电隔离电路

22. 一般经济型数控车床 Z 方向的脉冲当量为（　　）mm。
   A. 0.05　　　　B. 0.01　　　　C. 0.1　　　　D. 0.001

23. 直接对劳动对象进行加工，把劳动对象变成产品的过程叫（　　）过程。
   A. 辅助生产　　B. 基本生产　　C. 生产服务　　D. 技术准备

24. 常温下刀具材料的硬度应在（　　）以上。
   A. HRC60　　　B. HRC50　　　C. HRC80　　　D. HRC100

25. 间接成本是指（　　）。
   A. 直接计入产品成本　　　　　B. 直接计入当期损益
   C. 间接计入产品成本　　　　　D. 间接计入当期损益

26. 装夹工件时应考虑（　　）。
   A. 尽量采用专用夹具　　　　　B. 尽量采用组合夹具
   C. 夹紧力靠近主要支承点　　　D. 夹紧力始终不变

27. 两个具有相同栅路的透射光栅叠在一起，刻线夹角越大，莫尔条纹间距（　　）。
   A. 越大　　　　B. 越小　　　　C. 不变　　　　D. 不定

28. 光滑极限量规是一种间接量具，是适用于（　　）时使用的一种专用量具。
   A. 单件生产　　B. 多品种生产　C. 成批生产　　D. 小批量生产

29. 机床精度指数可衡量机床精度，机床精度指数（　　），机床精度高。
   A. 大　　　　　B. 小　　　　　C. 无变化　　　D. 为零

30. 子程序结束并返回主程序指令是（　　）。
   A. M08　　　　B. M09　　　　C. M98　　　　D. M99

31. 车削细长轴时，要使用中心架和跟刀架来增大工件的（　　）。
   A. 刚性　　　　B. 韧性　　　　C. 强度　　　　D. 硬度

32. FMS 是指（　　）。
   A. 直接数控系统　　　　　　　B. 自动化工厂
   C. 柔性制造系统　　　　　　　D. 计算机集成制造系统

33. 闭环系统比开环系统及半闭环系统（　　）。
   A. 稳定性好　　　　　　　　　B. 故障率低
   C. 精度低　　　　　　　　　　D. 精度高

34. CNC 系统常用软件插补方法中，有一种是数据采样法，计算机执行插补程序输出的是数据而不是脉冲，这种方法适用于（　　）。
   A. 开环控制系统　　　　　　　B. 闭环控制系统
   C. 点位控制系统　　　　　　　D. 连续控制系统

35. 光学分度头精度取决于（　　）的精度。
A. 蜗杆副　　　　　　　　　　　　B. 孔盘
C. 孔距　　　　　　　　　　　　　D. 刻度和光学系统

36. 圆弧加工指令 G02/G03 中 I、K 值用于指令（　　）。
A. 圆弧终点坐标　　　　　　　　　B. 圆弧起点坐标
C. 圆心的位置　　　　　　　　　　D. 起点相对于圆心位置

37. 在切削过程中，车刀主偏角 K_r 增大，主切削力（　　）。
A. 增大　　　　B. 不变　　　　C. 减少　　　　D. 为零

38. 刀具磨钝标准通常都按（　　）的磨损值来制订。
A. 月牙洼深度　　B. 前面　　　　C. 后面　　　　D. 刀尖

39. 数控系统中 G96 指令用于指令（　　）。
A. F 值的单位为 mm/min　　　　B. F 值的单位为 mm/r
C. S 值为恒线速度　　　　　　　D. S 值为主轴转速

40. 交流感应电机调频调速时，为了（　　），必须将电源电压和频率同时调整。
A. 输出转矩不变　　　　　　　　　B. 输出最大转矩不变
C. 输出功率不变　　　　　　　　　D. 输出最大功率不变

41. 油泵输出流量脉动最小的是（　　）。
A. 齿轮泵　　　B. 转子泵　　　C. 柱塞泵　　　D. 螺杆泵

42. 目前在机械工业中最高水平的生产形式为（　　）。
A. CNC　　　　B. CIMS　　　C. FMS　　　　D. CAM

43. 为了提高零件加工的生产率，应考虑的最主要一个方面是（　　）。
A. 减少毛坯余量
B. 提高切削速度
C. 减少零件加工中的装卸，测量和等待时间
D. 减少零件在车间的运送和等待时间

44. 采用基孔制，用于相对运动的各种间隙配合时，轴的基本偏差应在（　　）之间选择。
A. s～u　　　　B. a～g　　　　C. h～n　　　　D. a～u

45. 当交流伺服电机正在旋转时，如果控制信号消失，则伺服电机将会（　　）。
A. 立即停止转动　　　　　　　　　B. 以原转速继续转动
C. 转速逐渐加大　　　　　　　　　D. 转速逐渐减小

46. 粗加工时，切削液以（　　）为主。
A. 煤油　　　　B. 切削油　　　C. 乳化液　　　D. 柴油

47. 精车刀修光刃的长度应（　　）进给量。
A. 大于　　　　B. 等于　　　　C. 小于　　　　D. 减去

48. 混合编程的程序段是（　　）。
A. G0　X100　Z200　F300　　　　B. G01　X－10　Z－20　F30
C. G02　U－10　W－5　R30　　　D. G03　X5　W－10　R30　F500

49. 8255 芯片是（　　）。
   A. 可编程并行接口芯片　　　　　　　　B. 不可编程并行接口芯片
   C. 可编程串行接口芯片　　　　　　　　D. 可编程定时接口芯片
50. CNC 系统主要由（　　）。
   A. 计算机和接口电路组成　　　　　　　B. 计算机和控制系统软件组成
   C. 接口电路和伺服系统组成　　　　　　D. 控制系统硬件和软件组成
51. 如个别元件须得到比主系统油压高得多的压力时，可采用（　　）。
   A. 调压回路　　　　　　　　　　　　　B. 减压回路
   C. 增压回路　　　　　　　　　　　　　D. 多极压力回路
52. 接触器自锁控制线路中的自锁功能由接触器的（　　）完成。
   A. 主触头　　　　　　　　　　　　　　B. 辅助动合触头
   C. 辅助动断触头　　　　　　　　　　　D. 线圈
53. 按照强度条件，构件危险截面上的最大工作应力不超过其材料的（　　）。
   A. 许用应力　　B. 极限应力　　C. 危险应力　　D. 破坏应力
54. 单根三角带所能传递的功率主要与（　　）因素有关。
   A. 带速、型号、小轮直径　　　　　　　B. 小轮包角、型号、工作情况
   C. 转速、型号、中心距　　　　　　　　D. 小轮包角、小轮直径、中心距
55. 用于两轴交叉传动中可选用（　　）。
   A. 固定式联轴器　　　　　　　　　　　B. 可移式联轴器
   C. 安全联轴器　　　　　　　　　　　　D. 万向联轴器
56. 并励电动机和他励电动机的机械特性为（　　）特性。
   A. 硬　　　　　　B. 软　　　　　　C. 隐　　　　　　D. 显
57. 具有过载保护的自锁控制电路中，（　　）具有过载保护作用。
   A. 中间继电器　　　　　　　　　　　　B. 热继电器
   C. 电压继电器　　　　　　　　　　　　D. 电流继电器
58. TG381A×2—67 表示套筒滚子与链节距为 38.1 mm，等级为 A，排数为 2 排，（　　）为 67。
   A. 模数　　　　　B. 节数　　　　　C. 中心距　　　　D. 直径
59. 接触器自锁控制线路中，自锁触头并联在（　　）两端，起到自锁作用。
   A. 制动触头　　　B. 开停开关　　　C. 限位触头　　　D. 启动按钮
60. 镗孔的关键技术是刀具的刚性、冷却和（　　）问题。
   A. 振动　　　　　B. 质量　　　　　C. 排屑　　　　　D. 刀具
61. 计算机应用最早的领域是（　　）。
   A. 辅助设计　　　B. 实时控制　　　C. 信息处理　　　D. 数值计算
62. 刀具补偿功能代码 H 后的两位数字为存放刀具补偿量的寄存器（　　），如 H08 表示刀具补偿量用第 8 号。
   A. 指令　　　　　B. 指令字　　　　C. 地址　　　　　D. 地址字
63. 使刀具轨迹在工件左侧沿编程轨迹移动的 G 代码为（　　）。
   A. G40　　　　　B. G41　　　　　C. G42　　　　　D. G43

64. 如果孔加工固定循环中间出现任何 01 组的 G 代码，则孔加工方式及孔加工数据会全部自动（　　）。

　　A. 运行　　　　　B. 编程　　　　　C. 保存　　　　　D. 取消

65. 孔加工循环，使用 G99，刀具将返回（　　）的 R 点。

　　A. 初始平面　　　B. R 点平面　　　C. 孔底平面　　　D. 零件表面

66. 刀具长度补偿指令（　　）是将 H 代码指定的已存入偏置器中的偏置值加到运动指令终点坐标去。

　　A. G48　　　　　B. G49　　　　　C. G44　　　　　D. G43

67. 液压传动是利用（　　）作为工作介质来进行能量传送的一种工作方式。

　　A. 油类　　　　　B. 水　　　　　C. 液体　　　　　D. 空气

68. 加工箱体类零件上的孔时，如果花盘角铁精度低，会影响平行孔的（　　）。

　　A. 尺寸精度　　　B. 形状精度　　　C. 孔距精度　　　D. 粗糙度

69. 在质量检验中，要坚持"三检"制度，即（　　）。

　　A. 自检、互检、专职检　　　　　　B. 首检、中间检、尾检
　　C. 自检、巡回检、专职检　　　　　D. 首检、巡回检、尾检

70. 在圆弧插补时，圆弧中心是（　　）。

　　A. 用 I、J 指定　　　　　　　　　B. 只用 R 指定
　　C. 用 I、J、K 指定　　　　　　　D. 用 I、J、K 或 R 指定

B.2.2　数控车床高级工仿真技能样题

（1）本题分值：100 分。

（2）考核时间：120 min。

（3）具体考核要求：按图 B-3 所示工件图样完成加工操作。

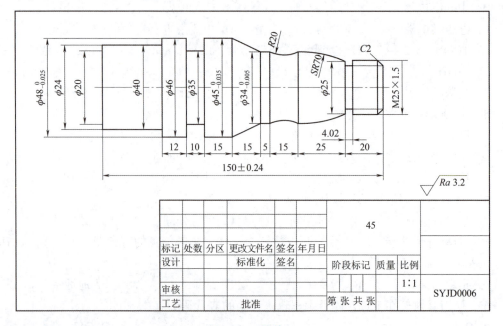

图 B-3　零件 3

推荐使用刀具见表 B-2。

表 B-2 推荐使用刀具

序号	刀片类型	刀片角度	刀柄
1	菱形刀片	80°	93°正偏手刀
2	菱形刀片	35°	93°正偏手刀
3	螺纹刀	60°	螺纹刀柄
4	4 mm 车槽刀		

工件毛坯尺寸：$\phi 48$ mm × 152 mm。

B.2.3 数控车床工高级操作技能样题

（1）本题分值：100 分。
（2）考核时间：120 min。
（3）具体考核要求：按图 B-4 所示工件图样完成加工操作。

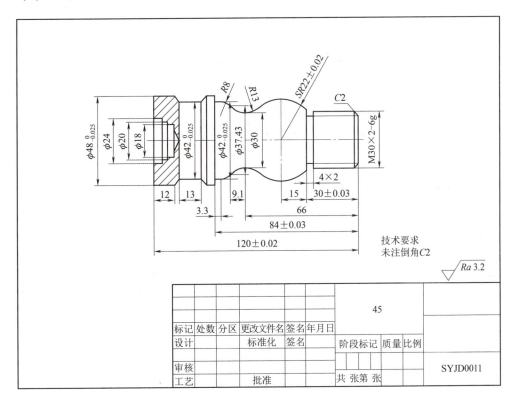

图 B-4 零件 4